大型钛合金结构板材制备及焊接技术分析

刘千里　编著

U0318972

北　京

冶金工业出版社

2024

内 容 提 要

本书介绍了钛合金制备及焊接技术的专利公开现状，对钛合金材料制备工艺、钛合金设备、钛合金厚板焊接、成型和检测等重点技术进行了专利分析，并详细阐述了相关专利的技术创新点。

本书可供钛合金生产企业技术人员、科研院所研究人员阅读，也可供大中专院校相关专业的师生参考。

图书在版编目(CIP)数据

大型钛合金结构板材制备及焊接技术分析/刘千里编著.—北京：冶金工业出版社，2022.10（2024.5 重印）
ISBN 978-7-5024-9311-0

Ⅰ.①大… Ⅱ.①刘… Ⅲ.①钛合金—板材—制备②钛合金—板材—焊接 Ⅳ.①TG146.23

中国版本图书馆 CIP 数据核字(2022)第 189332 号

大型钛合金结构板材制备及焊接技术分析

出版发行	冶金工业出版社	电　　话	(010)64027926
地　　址	北京市东城区嵩祝院北巷 39 号	邮　　编	100009
网　　址	www.mip1953.com	电子信箱	service@ mip1953.com

责任编辑　郭雅欣　美术编辑　彭子赫　版式设计　郑小利
责任校对　梅雨晴　责任印制　禹　蕊
北京建宏印刷有限公司印刷
2022 年 10 月第 1 版，2024 年 5 月第 2 次印刷
880mm×1230mm　1/32；4.875 印张；145 千字；148 页
定价 46.00 元

投稿电话　(010)64027932　投稿信箱　tougao@cnmip.com.cn
营销中心电话　(010)64044283
冶金工业出版社天猫旗舰店　yjgycbs.tmall.com
(本书如有印装质量问题，本社营销中心负责退换)

前　　言

　　舰船是海军最重要的装备，是海上运输、战斗的平台，用于建造舰船的材料要能耐海水和海洋大气的腐蚀，比强度高、塑韧性及加工工艺性好。选择性能优异的材料建造军舰是保证海军装备完整性和先进性的基础。

　　钛及钛合金具有优异的耐海水腐蚀性能，与海水接触的设备用钛合金可实现全寿命使用周期，不仅可以提高装备安全性，也可减少舰船的维修成本，降低全寿命周期成本，且钛合金比强度高，用于舰船结构能够显著降低质量，增大舰船有效负载。钛合金无磁性，用于舰船装备耐压壳体可以降低装备磁性物理场效应而使其更难被磁探测仪发现，提高磁隐身性。但是，钛合金与船体结构钢相比，弹性模量较低，钛合金的弹性模量一般为 100~110GPa，在结构设计中需增大壁厚，或增加支撑骨架。此外，钛材化学性质活泼，钛冶炼、熔炼、热加工、铸造、焊接均需采取真空或惰性气体保护，造成材料成本和结构件建造成本较高，对钛合金的推广应用造成不利影响。因此，研究具有高的塑韧性、可焊性、成型性及耐海水腐蚀性的船用钛合金材料，提高舰船设备运行的可靠性和使用寿命，对于我国海洋强国战略具有重要意义。

　　本书从国内外角度分别分析钛合金制备及焊接技术的专利公开现状，通过对专利技术申请趋势、专利布局、专利技术分类、申请人、主要发明人、专利地域、主要竞争对手及各技术分支等方面进行分析，并对舰船钛合金优势单位进行重点描述，为大型钛合金结构板材制备及焊接技术的改进和突破提供思路。

全书共分6章。第1章为绪论，主要介绍了钛合金材料应用现状及专利检索策略；第2章进行了大型钛合金厚板制备及焊接技术专利状况分析；第3章从钛合金材料制备工艺、钛合金设备、钛合金厚板焊接、成型和检测等重点技术进行了分支专利分析；第4章进行了技术创新分析；第5章进行了重点非专利文献分析；第6章为结论。

在此对参考相关研究和技术成果的国内外科技工作者表示诚挚谢意。

由于作者水平所限，书中不足之处，敬请广大读者批评指正。

作　者

2022 年 8 月

目　　录

1 绪　　论

1.1　概述

舰船是海军最重要的装备，是海上运输、战斗的平台，用于建造舰船的材料要能耐海水和海洋大气的腐蚀，比强度高、塑韧性及加工工艺性好。选择性能优异的材料制作军舰是保证海军装备完整性和先进性的基础。

钛合金在舰船上得以应用，主要基于钛合金的以下特性：很宽的强度范围、优异的机械性能、独特的物理性能（包括磁性能）、较高的比强度和结构有效性、优异的耐腐蚀性能和耐冲刷腐蚀性能、优良的抗冲击性能、良好的可加工性（包括成型和焊接性等）、合理的成本及有效性。另外，船用材料的规格一般比较厚大，需要大型材的制造成型技术。因此，研究具有高的塑韧性、可焊性、成型性及耐海水腐蚀性的船用钛合金材料，提高舰船设备运行的可靠性和使用寿命，对于我国海洋强国战略具有重要意义。

725 研究所自 20 世纪 60 年代建立船用钛合金专业，参与了我国船用钛合金材料的研制，并主持开展了应用研究，初步构建了我国船用钛合金材料体系，有力支撑了国内船舶和海洋工程用钛合金装备的研发和换代。在材料的研制及应用研究方面积累了大量的数据和丰富的加工制造经验，形成了完整的材料研制、工艺研究、工程应用评价体系，同时承担了数十种海军新型钛合金装备的研制任务。主要研究方向包括：船用钛合金材料技术、船用钛合金材料评价技术和船用钛合金材料工艺技术。

本书主要围绕全球大型钛合金结构板材制备及焊接技术（以下

简称钛合金制备及焊接技术）的专利技术现状和 725 研究所在该技术方面的研究成果，开展专利信息分析工作，通过调研国内外相关技术的专利布局，分析现有技术发展水平、研究热点、发展趋势和重要申请人等，并结合 725 研究所钛合金制备及焊接技术的先进性，为下一步的研发方向提供参考。

1.2 本书编写目的

本书的编写目的包括两个方面：（1）分别从全球和中国的角度分析该领域的专利技术现状，通过对申请趋势、专利布局、专利技术分类、申请人、主要发明人、专利地域、主要竞争对手及各技术分支等方面进行分析，为 725 研究所在钛合金制备及焊接技术的改进和突破提供思路；（2）分析并评价 725 研究所在该技术领域研发成果的技术先进性，促进项目成果的推广应用。

1.3 钛合金材料应用现状

1.3.1 全球钛合金材料应用现状

钛和钛合金材料的优点包括密度小、比强度高、耐腐蚀性能力强、耐高低温、无磁性、透声性能好和可冷热成型等，因此拥有"海洋金属"的美称，是海洋工程领域中最有前途的金属材料。美国海军的舰船上，有很多子系统都是用了钛合金材料，主要包括：海水工作系统、主消防和污水处理系统，具体应用包括冷却器、冷凝器、消防泵和各种阀门；结构件，桅杆、甲板罩、垂直发射系统部件、排气烟道和喷气偏流板；推进器，燃气轮机的发动机部件、紧固件和航母水力制动钢。通过在这些子系统使用钛合金材料，可使作战舰艇的可靠性得到很大提升。

从 1970 年开始，苏联相继建造 6 艘"阿尔法"级攻击型核潜艇，每艘使用的钛高达 3000t。随后，苏联又建造"台风"级战略导弹核潜艇，每艘使用钛高达 9000t。采用钛合金建造的潜艇，拥有结构强度高，可承受大潜深作业的优点，缺点是建造材料昂贵。

虽然钛合金材料的建造成本非常昂贵，但从生命周期成本的角度来看，使用钛合金材料建造潜艇，初期成本会很高，但总体使用效费比并不一定高。例如，镀锌厚钢板和铜镍合金等传统材料的使用期限是 1.5~8 年，舰艇服役期内必须进行维修和更换。相比之下，钛合金能够达到与舰船同寿的水平，使用过程只需要进行简单的维护，几乎不需要实施修理。

目前，对船用钛合金进行专门研究并形成体系的国家主要有俄罗斯、美国、日本和中国。表 1-1 为船舶上用钛部位及常采用的合金。

表 1-1　船舶上用钛部位及常采用的合金

用钛部位	常采用的钛合金
壳体	ΠT-1M、ΠT-7M、Ti-5Al-2.5Sn、Ti-6Al-4V、Ti-6Al-2Nb-1Ta-0.8Mo、Ti-6Al-4VELI
通海管路、阀、泵	纯钛、Ti-6Al-4V、Ti-Al-Mn、Ti-6Al-6V-0.5Cu-0.5Fe、Ti-3Al-2.5V、Ti-Ni 形状记忆合金、Ti31、Ti75
螺旋桨和桨轴	纯钛、Ti-6Al-4V
声呐导流罩	纯钛
热交换器及海水淡化装置	纯钛、Ti-6Al-4V、Ti-Al-Mn、Ti-5Al、Ti-0.3Mo-0.8Ni、Ti31
系泊装置及发射装置	Ti-6Al-4V、Ti-4Al-0.005B、β-C
发动机零件	Ti-6Al-4V、Ti-5Al-2.5Sn、Ti-8Al-1Mo-1V

1.3.1.1 俄罗斯

俄罗斯是船用钛合金使用范围最广泛、数量最多的国家。主要包括 PT-7M、PT-1M、PT-3V、37、5V 钛合金及其相应的焊丝，并形成了 490MPa、585MPa、686MPa、785MPa 等不同强度级别的船用钛合金产品。在舰船上，钛合金已被成功应用于以下部件及设备中，如深水立管、补给管、泵、过滤器、通海管路、饮用水管、钻井管和地下水管路、热交换器、柴油机独立消防泵和灭火系统、深水设备壳体、外井系统柔性管、压力容器、平台紧固接头的高强柔性拉伸部件、工艺溶液的管系和容器等，并相继在苏联系列核动力破冰船"列宁"号、"北极"号、"俄罗斯"号、"苏联"号和其他型号的舰船上使用。表 1-2 为俄罗斯船用钛合金的具体应用及产品形式。

表 1-2 俄罗斯船用钛合金的具体应用及产品形式

俄罗斯牌号	具体应用	产品形式
PT-3V、40、17	焊接件、机械工程产品	厚板、薄板、环、锻件、棒材
PT-7M、PT-1M	管路	无缝管
3M、19	机械工程产品	锻件、棒材
14	压力容器	高压压力容器
5V、37	焊接件、机械工程产品	厚板、薄板、环、锻件、棒材
TL-3、TL-5、37L	焊接件、机械工程产品	铸件
2V、PT-7MW	焊接件	焊丝

1.3.1.2 美国

美国船用钛合金主要以航空用钛合金为基础。而在海水腐蚀环境下具有耐蚀性、可焊性和抗应力腐蚀性的钛合金，包括纯钛、Ti-0.3Mo-0.8Ni、Ti-3Al-2.5V、Ti-6Al-4V、Ti-6Al-4VELI、Ti-3Al-8V-

6Cr-4Mo-4Zr。此外，针对船用钛合金的特点，还研制了 Ti-5Al-1Zr-1Sn-1V-0.8Mo-0.1Si、Ti-6Al-2Nb-1Ta-0.8Mo 等其他船用钛合金。舰船上使用高性能钛合金对于提高舰船的移动性、稳定性、有效性，减轻船体质量等都具有显著的作用。美国海军在 20 世纪 90 年代曾对以下舰船进行认证考核，包括核动力航母（CVN）、导弹巡洋舰（CG-47）、导弹护卫舰（FFG-7）、探测船（MCM）、水陆两栖登陆艇（LSD41CV）、登陆船、气垫船（LVCA）、水陆两栖强击登陆船（LHD）、快速作战军需品补给船（AOE-6）、双层壳体监视船（SWATHT-AGOS19）、海岸探测船（MHC-51）、导弹驱逐舰（DDG-51），这些舰船的海水冷却系统、海水系统和灭火系统、结构件、推进器、污水处理系统、电器元件、紧固件等，均已使用或即将使用高性能钛合金。表 1-3 为美国舰船用候选钛合金的相关情况。

表 1-3　美国舰船用候选钛合金的相关情况

美国牌号	合金成分	用　途
Gr.1	纯钛	板/热交换器框架
Gr.2	纯钛	管系、热交换器、阀、泵、容器、结构件
Gr.3	纯钛	管板、热交换器、容器
Gr.9	Ti-3Al-2.5V	结构件、管线、管、容器
Gr.5	Ti-6Al-4V	结构件、紧固件、轴系、泵、阀
Gr.23	Ti-6Al-4V ELI	结构件、紧固件、轴系、泵、阀
Gr.32	Ti-5Al-1Zr-1Sn-1V-0.8Mo-0.1Si Ti-6Al-2Nb-1Ta-0.8Mo	结构件、紧固件结构件
Gr.20	Ti-3Al-8V-6Cr-4Zr-4Mo	结构件、管线、紧固件、泵、弹簧

1.3.1.3　日本

日本对船用钛合金的研究应用发展迅速，目前应用的牌号包括纯钛、Ti-6Al-4V 和 Ti-6Al-4VELI 等，主要被应用于深潜器的耐压壳体、配管及各种民用游船、渔船等。限于材料成本及技术难度，目前水面船舶壳体大量采用钛合金作为结构材料的先例尚不普遍，在这方面，日本是较早开展研究和应用的国家，在船体用钛合金材料研制和加工、成型、焊接技术等方面取得了开创性的进展。

1.3.2　中国钛合金材料应用现状

中国船用钛合金的研究与应用始于 20 世纪 60 年代，经过几十年的发展，已形成较完整的船用钛合金体系，能够满足舰艇、潜艇和深潜器对不同强度级别的要求。应用领域涉及船体结构、推进系统、电力系统、电子信息系统、辅助系统、特种装置等。

中国合金牌号非常多，同一个强度级别内会有多个不同的合金，甚至同一种用途之下研制有多种钛合金。原因在于，一方面，国内仿制了大量俄罗斯和美国的钛合金；另一方面，自主研制了国产系列舰船用钛合金。相比之下，俄罗斯和美国的舰船用钛合金主要来源于航空和航天领域，数量品种相对较少。但在舰船钛合金的大规模应用领域，我国却远远不及俄罗斯和美国。

尽管我国的钛合金牌号很多，近年来需求量也越来越大，但也面临着不少问题，主要包括以下几个方面：（1）没有形成设计院所、材料研究、半成品制作和部件成型之间的协调、合作机制，钛合金的应用相对零散；（2）没有形成完备的标准体系，钛合金虽然牌号多，存在着质量参差不齐的情况；（3）大型船厂现场加工的配套能力弱，对钛合金材料予以大规模应用的能力仍然有待提升。这些因素制约着我国钛合金领域的高速发展，同时也导致钛合金材料在国内潜艇上大规模应用受到限制。因此，在一些钛合金的关键技术领域，我们仍然需要展开深入攻关。表 1-4 为我国海洋用钛、钛合金及其性能。

表 1-4 我国海洋用钛、钛合金及其性能

分类	合金牌号	$R_{p0.2}$/MPa	材料特性	应 用
低强钛合金	TA1	220	成型、焊接性好、耐海水腐蚀	板式换热器
	TA2	320	成型、焊接性好、耐海水腐蚀	管式换热器、贯穿管接头、海水入口/出口、海水排出口管接头、灭火用水系统、支撑系统管线、泵、阀、氯化处理系统等
	TA9	250	成型、焊接性好、耐腐蚀	管式换热气
	TA10	300	塑性、焊接性好、耐蚀	管式换热气、临时管道与电缆、横梁、立管、输送管线
	TA16	375	塑性高、焊接性和耐蚀性好	管路与热交换器、管板和传热管
	TA22	490	成型、焊接性好、耐海水腐蚀、耐缝隙腐蚀	热交换器、冷凝器、管路、阀门、泵体
中强钛合金	TA5	590	耐蚀、可焊性好	板材、锻件可用于船舶机械各类部件、喷水推进装置
	ZTA5	490	铸造性能优良	船舶推进、电子及辅助系统的泵、阀等
	TA17	520	良好的焊接性能和抗水腐蚀性能	潜艇壳体，也用作声呐导流罩骨架、热交换器管板、管板和传热管
	TA18	515	优异的焊接性能和冷成型性能、耐蚀	横梁、临时管道与电缆、立管、输送管线、增压装置管道
	TA23	600	冷成型、焊接、耐蚀性、声学性能好	透声窗、声呐导流罩

分类	合金牌号	$R_{p0.2}$/MPa	材料特性	应　用
中强钛合金	TA24	630	焊接、可焊、成型性能好、断裂韧性、冲击韧性及应力腐蚀韧性高	通海、低压吹除系统,耐高压管路、压力容器、船舶结构
	Ti-91	600	冷成型、焊接、耐蚀、声学性能好	透声窗、声呐导流罩
	ZTi60	590	铸造性能好、耐蚀、可焊	各种耐压系统
高强钛合金	TC4	825	优异的室温、高温性能,优良的抗疲劳及裂纹扩展能力、耐腐蚀、焊接性能好	预应力采油管接头、油气平台支柱、绳索支架、海水循环加压系统的高压泵、提升管及联结器、海底电缆夹紧锁、勘探装置中的零件等
	ZTC4	800	抗疲劳、抗裂纹扩展、铸造性能好	螺旋桨等高强铸件
	TC4 ELI	795	优异的室温、高温性能,优良的抗疲劳及裂纹扩展能力、耐腐蚀、焊接性能好	钻井立管、生产和输出立管、锥形应力接头、紧固件、海底管道
	Ti80	785~885	耐蚀、可焊	高温容器、深潜器耐压壳体、结构件
	TC10	930	抗腐蚀、高强度	通海管路、阀及附件
	TC11	900	优异的高温强度	高压压气机转子、低压压气机轮盘及叶片
	TB9	1050	塑性好、强度和弹性高、淬透性好	紧固件、带管的生产装置、各种工具
	Ti-B19	1150	高强度、良好塑性、较高韧性、应力腐蚀断裂韧性好、可焊	船舶机械部件、高压容器、弹射装置

注:按屈服强度等级划分,屈服强度在490MPa以下为低强钛合金,490~790MPa为中强钛合金,高于790MPa为高强钛合金。

1.3.3 船舰用钛合金腐蚀防护

1.3.3.1 缝隙腐蚀

A 缝隙腐蚀问题

舰船中使用的可拆卸连接件（法兰、螺纹连接）等部件存在较小缝隙，缝隙内会存在具有侵蚀性的高浓度氯离子和氟离子，这就要求钛合金在海水环境中具有良好的抗高温缝隙腐蚀能力。钛合金热交换器和海水淡化设备内，工况环境为 90~250℃、介质 pH 值为 1.5~4.0（尤其是在盐和煤油状沉积物处），其缝隙腐蚀是非常致命的。

B 防腐措施

防腐措施包括：

（1）在钛合金中添加 Pd、Ru 元素可有效改善钛合金的耐缝隙腐蚀性能。

（2）在钛合金表面进行含 Ru/Pd 的表面处理，例如在钛合金表面渗入 Ru/Pd 元素或者进行微弧氧化在钛合金表面形成含 Ru/Pd 元素的氧化物。为减少表面处理的成本，也可以在钛合金表面制备含 Ru/Pd 元素的梯度涂层。

（3）采用阴极保护技术保护钢结构时，电位在 -1050~-800mV 之间，避免产生氢过饱和导致钛合金出现氢致开裂。

1.3.3.2 电偶腐蚀

钛与钢、铜连接时极易出现电偶腐蚀，防护措施包括：

（1）管材进行热氧化、微弧氧化、阳极氧化，在金属表面形成氧化层或陶瓷层以实现绝缘。对钛管进行氧化处理，形成的氧化膜可降低钛合金阴极极化效应 80%~90%，氧化膜寿命等同于钛管寿命。

（2）在管材、阀嘴与钢、铜设备接触的界面处用沥青质橡胶进行绝缘处理。

（3）在钛管与不锈钢喷嘴连接处进行中间凸缘保护。

1.3.3.3 大型结构件的焊接腐蚀

对于大型结构件的焊接腐蚀防护措施包括：

（1）舰船上使用的壳体、高压压力容器、拉伸部件等大型结构件基于耐压性能要求需要使用高强钛合金，并且要求高强钛合金厚壁焊接件的连接在海水中要有极好的可操作性，焊后无须进行热处理。

（2）美国和欧洲采用 TC4 钛合金和低间隙 TC4 钛合金（氧含量控制在 0.13% 以内）；俄罗斯普罗米修斯结构材料中央研究院研发了 PT-3V、37、5V 船用钛合金；中国研发了 TA24、TA31 钛合金。

（3）对于大型结构件，可对焊接件表面进行超声冲击处理，将焊接件表面拉伸应力转变为压应力，以利于疲劳性能的提高。

1.4 专利检索策略

1.4.1 数据范围

数据来源：国家知识产权局、patsnap

时间范围：截至 2020 年 6 月 15 日

受理局：全球

专利类型：发明、实用新型、外观设计

截至 2020 年 6 月 15 日，检索到全球钛合金制备及焊接技术相关专利 2818 件。检索到中国国家知识产权局公开或公布的钛合金制备及焊接技术关专利 6306 件，经过人工标引、去噪后，检索到公开或公布的相关专利共计 1065 件。

1.4.2 数据处理

数据处理主要包括查全率和查准率的评估、去噪、数据加工和数据标引。

数据去噪指的是去除检索结果中和要分析的技术不相关的数据。检索结果包括一定的噪声，要进行去噪才能继续数据的分析。去噪时，本书在专利分析时对中、外文的数据都采用了人工筛选的策略，正确率较高。

数据标引是根据不同分析目标，使用人工方式，对原始数据中的记录加入相应的标识，从而增加额外的数据项来进行特定分析的过程。

1.4.3 技术分解

本书所研究的是钛合金制备及焊接技术领域，技术分解见表 1-5。

表 1-5 技术分解表

一级分类	二级分类	三级分类	四级分类	五级分类
钛合金材料（钛合金、板材、环材、板坯）	制备工艺（航海）	熔炼铸锭工艺	真空自耗熔炼	
			真空非自耗熔炼	真空非自耗电弧
				电子束
				等离子束
			真空感应炉熔炼	
			冷床炉熔炼	
			其他	
		铸造工艺		
		轧制工艺		
		锻造工艺		
	设备（包含航海、航空）	熔炼铸锭设备	真空自耗电弧炉	
			真空非自耗电弧炉	
			电子束炉	
			等离子束炉	
			真空感应炉	
			冷床炉	
			其他	
		铸造设备		
		轧制设备		
		锻造设备		
	力学性能			
	显微组织			
钛合金厚板焊接	焊接设备			
	焊接方法	TIG（钨极氩弧焊）		
		MIG(熔化极惰性气体保护焊)		
		PAW（等离子弧焊）		

一级分类	二级分类	三级分类	四级分类	五级分类
钛合金厚板焊接	焊接方法	激光焊接		
		电子束焊		
		其他		
	焊接材料	焊丝		
钛合金厚板成型	成型工艺	冷成型		
		热成型		
		冷热成型		
钛合金厚板检测	无损检测	射线检验		
		渗透检验		
		超声波检验		
	残余应力检测及消应			

1.4.4　分析方法

1.4.4.1　定量分析

定量分析又称统计分析，主要是通过专利文献的外表特征进行统计分析，也就是通过专利文献上所固有的标引项目来识别有关文献，然后对有关指标进行统计，最后用不同方法对有关数据的变化进行解释，以取得动态发展趋势方面的情报。

统计的对象与角度：（1）统计对象一般是以专利件数为单位；（2）统计可按专利分类、专利权人、年度、国别等从不同角度进行。

当按分类对专利信息进行统计时，根据各个领域内专利数量的多少，可得知哪些科技领域的发明行为最为活跃，哪一种技术将得到突破，哪些是即将被淘汰的技术。

如果对专利信息按国别进行统计，就可以发现被统计国家的科技发展战略及其在各个领域所处的地位。这种统计结果有助于了解某一时期各国的科研和开发重点。

如果对专利按专利权人进行统计，可以发现某个领域重要的技术拥有者，或者哪个公司在该领域的重要地位。

统计的主要内容有以下两点。

（1）专利技术按时间的分布研究。即以时间为横轴，专利申请量为纵轴，统计专利量随时间的变化规律，一般用于趋势预测。

任何技术都有一个产生、发展、成熟及衰老的过程，历年申请的专利数量可以确定该技术的发展趋势及活跃时期，为科研立项、技术开发等重大决策提供依据。对不同技术领域的专利进行时间分布的对比研究，可以确定在某一时期内，哪些技术领域比较活跃，哪些技术领域处于停滞状态。

（2）专利技术按空间的分布研究。通过不同公司、企业间的专利数量对比，可以反映他们的技术水平与实力。空间分布一般用于识别竞争对手，分析其技术策略等。

将某一技术类别的专利申请按专利权人进行统计，可以得到某项技术在不同公司或企业间的分布，了解哪些公司或企业在该领域投入较多、专利活动较活跃、技术水平较领先；而对不同技术类别各公司的专利频数进行统计，可以了解各公司最活跃的领域，即其开发的重点领域。

1.4.4.2 定性分析

定性分析也称技术分析，是以专利的技术内容或专利的"质"来识别专利，并按技术特征来归并有关专利使其有序化。定性分析一般用来获得技术动向、企业动向、特定权利状况等方面的情况。另外，将某技术领域各主要公司的专利按专利内容列表分析可以看出各公司的技术特色及开发重点；将有关专利按技术内容的异同分成各个专利群，对某一公司拥有的不同专利群或对不同时期专利群变化情况进行分析，可以对某项技术或产品发展过程中的关键问题、今后发展趋势及应用动向、与其他技术的关系等进行分析与预测。

事实上，通常需要将定性分析与定量分析结合起来才能达到好的效果，如可先通过定量分析确定哪些公司在某一技术领域占有技术优势（专利申请量可以反映技术活动水平），辨别这一技术领域的重要专利，然后再针对这些公司的重要专利进行定性分析。

2　专利状况分析

2.1　全球专利状况分析

2.1.1　全球专利申请趋势分析

截至 2020 年 6 月 15 日，钛合金制备及焊接技术领域全球专利申请总量为 2818 件。图 2-1 为全球钛合金制备及焊接技术的专利申请趋势。从全球范围内分析，该技术虽然具有起步早、发展慢的特点，但其专利申请量总体上呈现上升趋势，尤其是在 2001 年至今，专利申请量更是呈现直线上升态势。由此可见，该技术在全球范围内一直都是研发的热点。

注：因专利存在 18 个月公开周期，2019 年数据不能反映真实数据。

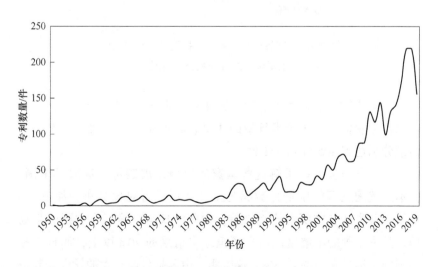

图 2-1　全球钛合金制备及焊接技术的专利申请趋势

2.1.2 全球专利布局分析

2.1.2.1 全球主要国家/地区专利申请分析

通过统计某个国家或地区的专利申请量可以直接反映该国家/地区在全球市场中的地位。图2-2为全球钛合金制备及焊接技术专利申请的主要国家的数据及分布情况。

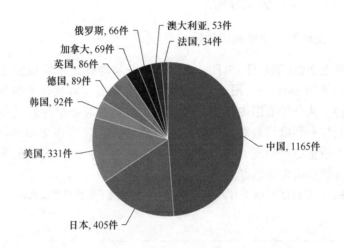

图2-2 全球钛合金制备及焊接技术专利申请的
主要国家的数据及分布情况

从图2-2中可以看出，中国专利申请量最大，为1165件，占全球钛合金制备及焊接技术领域的41%，其次是日本和美国，专利申请量分别达到405件和331件。

为了进一步动态了解这些国家的申请发展趋势，选取了中国、日本、美国三国的申请量数据与全球数据进行对比分析，如图2-3所示。首先从各国所占比例来看，中国、日本、美国为主要的市场国。其中中国的申请量已占据了全球申请量的40%以上，而日本和美国的申请量在10%~15%。这说明，中国是目前较大的钛合金制备及焊接技术市场，日本和美国的申请量次之，一方面与这些国家是

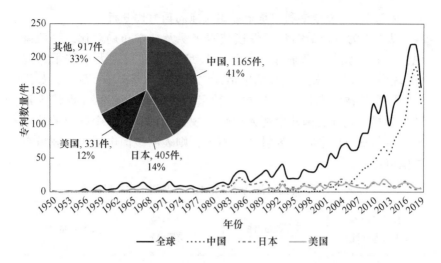

图 2-3 中国、日本、美国三国的专利申请量与全球的对比分析

热点市场有关,另一方面则与这些国家中大型钛合金制备及焊接技术企业注重专利布局有关。

从发展态势来看,全球申请趋势主要受中国专利数量的影响较大,而美国和日本的历年专利申请均较为平缓,变化不大。

虽然从专利申请的起始来看,美国和日本的专利申请时间比中国早,但由于中国的专利法从 1985 年才开始实施,才出现中国在钛合金制备及焊接技术领域布局晚于美国和日本的情况。美国在 1950 年开始关注将钛合金应用于舰船的可能性,中国是在 1962 年开始进行舰船钛合金的研发,并各自形成了自己的船用钛合金体系。日本技术虽然起步比美国晚,但专利申请量也不低,可见三个国家都比较重视该领域的专利布局。

中国自 2005 年开始,专利申请量急剧上升,一方面是随着我国申请人对专利保护意识的提升及市场的扩展,中国的专利申请量开始大幅度提高;另一方面中国舰船使用钛合金材料的应用越来越广泛,国防工业的持续高速发展,作战舰艇的技术能力要求越来越高,对钛合金材料的要求也越来越高,因此加大了对钛合金制备及焊接技术领域的研发。

2.1.2.2 全球专利申请来源国与布局国对比分析

表 2-1 为钛合金制备及焊接技术来源及技术布局对比。一般来说，一个国家的技术来源（申请人地址）专利量远大于技术布局（受理局）数量，则表明该国申请人比较重视国外市场；反之，如果一个国家的技术布局（受理局）数量远大于技术来源（申请人地址）数量，则证明国外申请人比较重视该国市场；一个国家的技术来源专利量与技术布局数量相差不大，则表明该国申请人比较重视本国市场。

表 2-1　钛合金制备及焊接技术来源及技术布局对比

技术来源国（申请人地址）	专利数量/件	技术布局（受理局）	专利数量/件
中国	1087	中国	1165
美国	744	日本	405
日本	417	美国	331
英国	165	世界知识产权组织	124
德国	79	韩国	92
法国	68	德国	89
俄罗斯	52	英国	86
澳大利亚	50	加拿大	69
韩国	45	俄罗斯	66

从表 2-1 中可以看出，中国和日本的技术来源国与技术布局国两者的数量并无明显差别，说明这两个国家都是以本国申请为主，在国外的布局较少。但美国的技术来源国大于技术布局国，说明其在国外的布局比在本国的布局多，美国比较重视国外的市场。

2.1.3　全球专利技术分类分析

表 2-2 为钛合金制备及焊接技术分类解释，图 2-4 为各国技术布

局情况。为了深入地提供技术信息，对钛合金制备及焊接技术在主要国家/地区的专利申请情况按照技术进行归类统计，可以帮助业界人士了解不同国家/地区的相应技术侧重点。

表 2-2 钛合金制备及焊接技术分类解释

分类号	定　　义
C22C14/00	钛基合金
C22F1/18	用热处理法、冷加工法或热加工法改变有色金属或合金的物理结构，形成的高熔点或难熔金属或以它们为基的合金
C22C1/02	合金制造的熔炼法
B21B3/00	金属、特殊合金材料的轧制
B23K9/16	使用保护气体的电弧焊接或切割
C22B9/22	用波能或粒子辐射加热的金属重熔方法或金属电渣或电弧重熔的设备
B23K20/12	摩擦焊接
C22B9/20	电弧重熔的方法或设备
B22D23/00	金属的铸造工艺
C22B9/18	电渣重熔的方法和设备

从统计的专利技术分类排名前 10 的研发方向来看，中国、日本、美国三个国家的研究侧重点基本重合，都集中在钛基合金（C22C14/00），用热处理法、冷加工法或热加工法改变有色金属或合金的物理结构，形成的高熔点或难熔金属或以它们为基的合金（C22F1/18）和合金制造的熔炼法（C22C1/02）上。从涉及的技术种类来说，中国、日本和美国的申请人在各个技术点均有涉及，主要差异在于集中度有所不同。以中国为例，中国申请人在使用保护气体的电弧焊接或切割上（B23K9/16）和电弧重熔的方法或设备（C22B9/20）技术点上布局的专利比其他国家多，说明中国比其他国家重视这两个技术点的研发。

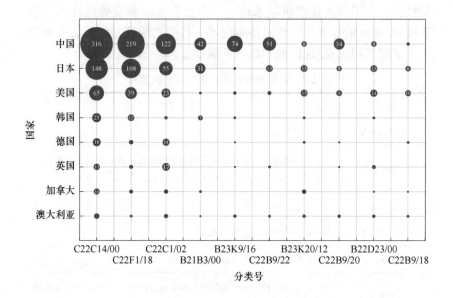

图 2-4　各国技术布局情况

2.1.4　全球重要申请人分析情况

图 2-5 为全球钛合金制备及焊接技术重要申请人专利申请情况。

由图 2-5 可知，排名前 14 的申请人以企业为主。申请量排名前 10 的申请人中，以日本、美国的企业为主，中国仅有哈尔滨工业大学（第 7 名）在前 10 名中，725 研究所位于第 13 名。

总体来看，国外申请人主要以巨头或跨国公司为主，而中国的申请人以大学和研究所为主，说明中国目前在该技术领域的发展程度较美国和日本还存在一定的差距。我国船用钛合金体系虽然已经形成，且牌号多，但其目前的应用水平处于分散、零星状态，质量存在着参差不齐的情况。因此在一些钛合金的拳头技术领域，仍然需要展开深入攻关。

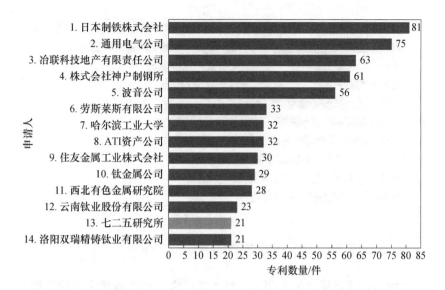

图 2-5 全球钛合金制备及焊接技术重要申请人专利申请情况

2.1.5 全球主要发明人及团队分析

图 2-6 为全球钛合金制备及焊接技术主要发明人排名。申请量排名前 10 的发明人中，有两位来自日本，其余的均来自中国。且排名前 10 的发明人均为职务发明，多为企业的员工或管理人员，其研发成果均以企业或高校名义发表（申请人为其所就职企业或高校）。

申请量排名第 1 的发明人为藤井秀树，来自日本制铁株式会社，其研发方向侧重于钛合金或钛材料的热轧方法；从申请提交日期来看，该发明人研发周期长，从 1985～2019 年都活跃在研发队伍中；从研发团队组建情况来看，该发明人属于日本制铁株式会社的重要研发人员，合作研发的数量较多；从专利的法律状态来看，2016 年之前的 13 件专利中，有效的授权专利仅有 1 件，其余的 12 件由于未缴年费或期间届满等原因均已失效，2016 年之后申请的 10 件专利中，有 6 件专利获得授权，2 件专利驳回，2 件专利处于审查状态中，可以看出，该发明人近几年研发的技术有了新的突破。

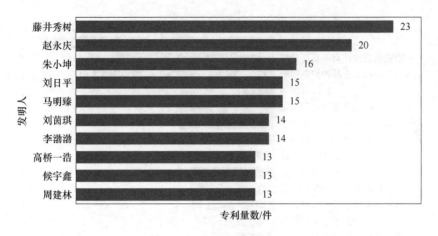

图 2-6　全球钛合金制备及焊接技术主要发明人排名

　　申请量排名第 2 的发明人为赵永庆，来自西北有色金属研究院，是西北有色金属研究院教授、院副总工程师、科研处处长，国家钛合金 973 计划项目首席科学家。其主要研发方向为钛合金材料研究、钛合金制备工艺技术研究、钛合金组织结构等，其中涉及海洋工程用钛合金有 4 件，分别为一种海洋工程用中等强度高冲击韧性钛合金（专利公开公告号：CN106636739B）、一种海洋工程用高强韧钛合金（专利公开公告号：CN107541615B）、一种海洋工程用高强高韧可焊接钛合金（专利公开公告号：CN110106395A）、一种屈服强度高于1000MPa 的海洋工程用钛合金（专利公开公告号：CN106498231B）。其对应申请的 20 件专利均为发明专利，且 13 件专利获得授权，专利授权率高达 65%。整体来看，赵永庆的研发方向和专利质量较为理想。

　　申请量排名第 3 的发明人是朱小坤，江苏天工科技股份有限公司董事长，对应申请的相关专利共计 16 件，其中发明专利 7 件，实用新型专利 9 件，研发方向主要是钛合金或钛板材锻造装置。值得注意的是，2017 年该公司与南京工业大学共同创办的海洋工程新材料联合实验室，着重研发海洋工程用钛及钛合金材料。

　　申请量排名第 4 的发明人为刘日平，燕山大学材料科学与工学院教授，博士生导师，中国材料研究学会金属间化合物与非晶合金分会理事，其研发方向主要侧重于耐腐蚀钛合金的制备方法。其相关的 15 件专利均为发明专利，其中 10 件为授权专利，专利授权率高达 67%，专利质量比较理想。

申请量排名第 5 的发明人为马明臻，燕山大学教授、博士生导师，中国机械工程学会铸造分会铸造复合材料专业委员会委员、中国材料研究学会会员。从专利上来看，该发明人的研究方向主要侧重于高强韧耐腐蚀钛合金材料的制备方法。该发明人所涉及的 15 件专利均为发明专利，其中有 10 件专利已经授权，2 件专利驳回，3 件专利处于审查状态，专利授权率达 67%，专利质量较为理想。值得一提的是，该发明人的研发成果是以燕山大学或燕山大学与中鼎特金秦皇岛科技股份有限公司合作申请，这说明燕山大学较为注重研发成果的转化。

图 2-7 和表 2-3 为全球钛合金制备及焊接技术主要发明人团队。可以看出，以藤井秀树、赵永庆、李渤渤、高桥一浩、周建林、国枝知德、李重河为核心的发明人团队规模较大。值得注意的是，从所属公司可以看出，日本制铁株式会社在该领域拥有以

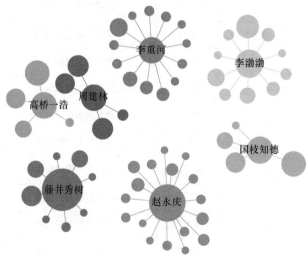

图 2-7 全球钛合金制备及焊接技术主要发明人团队

藤井秀树、高桥一浩、国枝知德为核心的三大研发团队，研发重点均侧重于钛材料的热轧方法及钛合金的制备工艺，其研发实力可见一斑。

表2-3 全球钛合金制备及焊接技术主要发明人团队列表

序号	主要发明人	专利申请数量/件	合作发明人	所属公司	合作发明数量/件
1	藤井秀树	23	立泽吉绍	日本制铁株式会社	9
			森健一	日本制铁株式会社	7
			浦田浩史	日本制铁株式会社	6
			川上哲	日本制铁株式会社	2
			北浦知之	新日铁住金股份有限公司	1
			木正雄	日本制铁株式会社	1
			正桥直哉	新日铁住金股份有限公司	1
			水原洋治	日本制铁株式会社	1
2	赵永庆	20	吴欢	西北有色金属研究院	4
			尹雁飞	西北有色金属研究院	4
			毛小南	西北有色金属研究院	4
			李思兰	西北有色金属研究院	2
			贾蔚菊	西北有色金属研究院	2
			倪沛彤	西北有色金属研究院	1
			应扬	西北有色金属研究院	1
			张英明	西北有色金属研究院	1
			毛成亮	西北有色金属研究院	1
			韩明臣	西北有色金属研究院	1

序号	主要发明人	专利申请数量/件	合作发明人	所属公司	合作发明数量/件
3	李渤渤	14	刘茵琪	洛阳双瑞精铸钛业有限公司	11
			张强	洛阳双瑞精铸钛业有限公司	7
			裴腾	洛阳双瑞精铸钛业有限公司	6
			毛人杰	洛阳双瑞精铸钛业有限公司	5
			聂胜东	洛阳双瑞精铸钛业有限公司	4
			李洋	洛阳双瑞精铸钛业有限公司	3
			郝晓博	洛阳双瑞精铸钛业有限公司	3
			陈学伟	洛阳双瑞精铸钛业有限公司	3
			刘义辉	洛阳双瑞精铸钛业有限公司	1
			麻毅	洛阳双瑞精铸钛业有限公司	1
4	高桥一浩	13	立泽吉绍	日本制铁株式会社	12
			浦田浩史	日本制铁株式会社	9
			森健一	日本制铁株式会社	7
			北浦知之	日本制铁株式会社	1
5	周建林	13	谭志荣	龙南新晶钛业有限公司	10
			邹亨强	龙南新晶钛业有限公司	10
			赖洪兵	龙南新晶钛业有限公司	9
			李广东	龙南新晶钛业有限公司	3
6	国枝知德	13	立泽吉绍	日本制铁株式会社	12
			浦田浩史	日本制铁株式会社	9
			森健一	日本制铁株式会社	7
			北浦知之	日本制铁株式会社	1

序号	主要 发明人	专利申请 数量/件	合作 发明人	所属公司	合作发明 数量/件
7	李重河	13	毛协民	上海大学	8
			鲁雄刚	上海大学	5
			张捷宇	上海大学	4
			汪宏斌	上海大学	4
			林崇茂	上海大学	2
			王树森	上海大学	2
			程红伟	上海大学	2
			贺进	上海大学	2
			陈光耀	上海大学	2
			周汉	上海大学	1
			孔浮	上海大学	1
			王小康	上海大学	1
			程治玮	上海大学	1

2.2 中国专利状况分析

2.2.1 中国专利申请趋势分析

图2-8为中国钛合金制备及焊接技术专利申请趋势及海外来华申请的国家及占比。

从整体数据来看，国外申请人在华布局数量不高，所占比例低于10%，其中日本主要以日本制铁株式会社、株式会社神户制钢所等企业为主；美国主要以冶联科技地产有限责任公司、通用电气公司等企业为主；其次德国、韩国的相关企业也在中国有少量申请。90%以上的在华申请均由国内申请人提出。

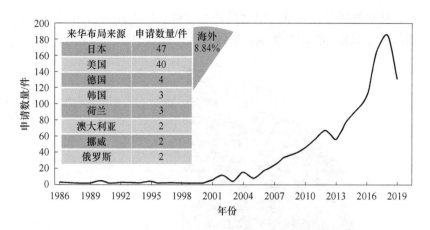

来华布局来源	申请数量/件
日本	47
美国	40
德国	4
韩国	3
荷兰	3
澳大利亚	2
挪威	2
俄罗斯	2

图 2-8 中国钛合金制备及焊接技术专利申请趋势及
海外来华申请的国家及占比

从申请趋势来看，2005 年之前，钛合金制备及焊接技术在中国发展及市场均较为低迷，专利申请量最多仅有 15 件，且此前的外国公司来华申请占比 25%，如美国博朗通用电气、日本制铁、ATI 资产公司等，而我国申请人申请量较多的主要是西北有色金属研究院。2005 年之后，专利申请量持续上升，尤其是 2018 年达到 186 件，这主要是由于我国潜艇、深潜器、水翼船、气垫船等舰船及海工装备对钛材料的市场需求急速增加。从国家层面上看，我国采取各种措施鼓励钛材料产业发展，特别是规范了舰船用钛设备的设计准则、技术体系、应用技术标准等，使我国海洋工程得到持续发展。

注：因专利存在 18 个月公开周期，2019 年数据不能反映真实数据。

2.2.2 中国专利地域分析

图 2-9 为中国钛合金制备及焊接技术专利地域分析。根据图 2-9 显示，陕西省是该领域专利申请量最多的省份，为 176 件，相关企业相对较多，如西北有色金属研究院、西部超导材料科技股份有限公司、西部钛业有限责任公司、宝鸡钛业股份有限公司等 30 余家企

业；其次是江苏、北京，申请量均超百件。以上三个省市的专利申请保护意识相对全国其他地区要强。

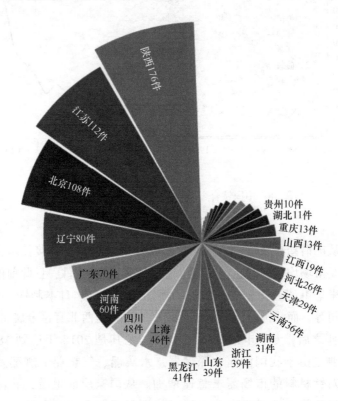

图 2-9 中国钛合金制备及焊接技术专利地域分析

2.2.3 中国主要省市研发实力分析

图 2-10 为中国钛合金制备及焊接技术主要省市研发实力。由图2-10 可以看出，陕西省在 IPC 分类号为 C22C14（钛基合金）和 C22C1（有色金属合金的制造）两类上申请量突出；江苏、北京、辽宁、广东均在 IPC 分类号为 C22C14（钛基合金）、B23K9（电弧焊接或电弧切割）和 B23K26（用激光束加工）这三类申请量比较突出。

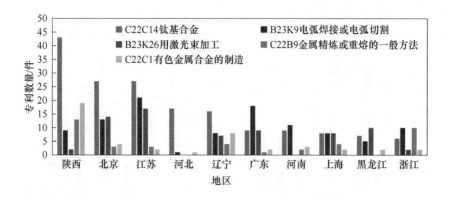

图 2-10 中国钛合金制备及焊接技术主要省市研发实力

2.2.4 中国专利技术分类分析

图 2-11 为中国钛合金制备及焊接技术专利的技术分类情况。截至 2020 年 6 月 15 日，中国公开的 1165 件专利中，涉及钛合金材料的专利共 758 件。钛合金材料包含的技术分支主要有：制备工艺、显微组织、力学性能、设备，其中制备工艺技术分支的申请量最多为 504 件；制备工艺包含的技术分支有：整体工艺、熔炼铸锭工艺、轧制工艺、锻造工艺、铸造工艺，专利申请量分别为 284 件、115 件、57 件、40 件、23 件；熔炼铸锭工艺包含的技术分支有：真空自耗熔炼、冷床炉熔炼、真空感应炉熔炼、真空非自耗电子束熔炼、真空非自耗电弧熔炼、真空非自耗等离子束熔炼、其他工艺如冷坩埚熔炼等，申请量前 3 名的熔炼铸锭工艺为：真空自耗熔炼、冷床炉熔炼、真空感应炉熔炼。设备技术分支与制备工艺技术分支相似，不再一一赘述。

涉及钛合金厚板焊接的专利 345 件。钛合金厚板焊接包含的技术分支有：焊接设备、焊接方法、焊接材料；焊接方法包含的技术分支有：钨极氩弧焊、激光焊、电子束焊、熔化极惰性气体保护焊、等离子弧焊等。钛合金厚板焊接专利有 50% 以上集中在焊接设备上。

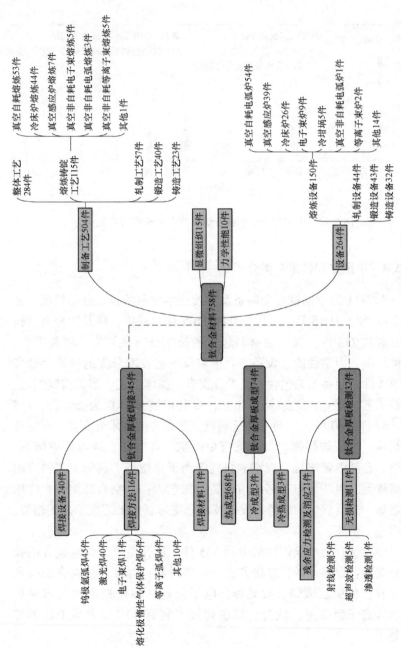

图 2-11 中国钛合金制备及焊接技术专利的技术分类情况

涉及钛合金厚板成型的专利有 74 件。钛合金厚板成型包含的技术分支有：热成型、冷成型、冷热成型，热成型的专利申请量为 68 件，冷成型和冷热成型的专利申请量均为 3 件。

涉及钛合金厚板检测的专利有 32 件。钛合金厚板检测包含的技术分支有：残余应力检测及消应和无损检测，其中残余应力检测及消应的专利申请量最多，为 21 件；无损检测包含的技术分支有：射线检验、超声波检验、渗透检验，其中射线检验和超声波检验的专利申请量较多，均为 5 件。

由此看出，在钛合金制备及焊接技术领域，申请人专利布局的重点在钛合金材料的制备工艺，在钛合金厚板焊接技术领域，焊接设备为技术研发重点，在钛合金厚板成型技术领域，热成型的专利申请量较多，在钛合金厚板检测技术领域，射线检验和超声波检验为主要技术创新方向。

注：一篇专利可能属于多个技术分支中的任意一个或多个，因此技术分解后的下级技术分支专利数据总和不小于上级技术分支的专利申请量。

2.2.5　中国重要申请人分析

图 2-12 为中国钛合金制备及焊接技术重要申请人排名情况。在该领域中，排名第 1 的申请人是哈尔滨工业大学，专利申请量为 32 件，排名第 2、第 3 的申请人是西北有色金属研究院、云南钛业股份有限公司，专利申请量分别为 28 件、23 件，排名第 4 的是日本制铁株式会社，该公司在中国申请的专利基本在多个国家均有布局，均是发明专利，可以重点关注。

排名前 20 位的申请人中，排名前列的科研机构有西北有色金属研究院、725 研究所、中国航空制造技术研究院、广东省焊接技术研究所、广东省焊接技术研究所（广东省中乌研究院）、中国科学院金属研究所。其中西北有色金属研究院全球排名 11，725 研究所全球排名 13。

图 2-13 为中国重要申请人技术热点图，由图 2-13 可知，哈尔滨工业大学在焊接设备和焊接方法的研发热情较高，西北有色金属研究院和日本制铁株式会社在钛合金材料的整体工艺专利申请较多，

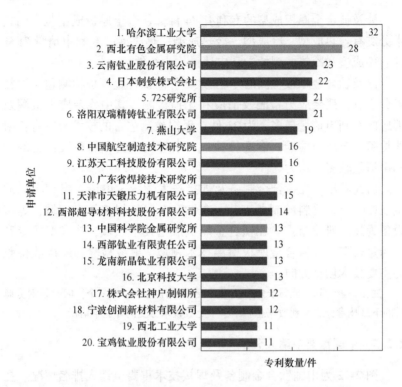

图 2-12 中国钛合金制备及焊接技术重要申请人排名情况

725 研究所的研发重点在焊接方法，其他申请人均在某一技术进行持续研发，如云南钛业股份有限公司着重在熔炼铸锭工艺的研发，中国航空制造技术研究院着重在焊接方法的研发。

申请人	专利数量/件																
	整体工艺	熔炼铸锭工艺	铸造工艺	轧制工艺	锻造工艺	熔炼铸锭设备	铸造设备	轧制设备	锻造设备	显微组织	焊接设备	焊接方法	焊接材料	热成型	冷热成型	无损检测	残余应力检测及消应
哈尔滨工业大学	9	0	3	0	2	3	0	0	2	0	11	11	1	5	0	0	0
西北有色金属研究院	21	4	0	2	1	0	0	0	0	0	1	0	1	0	0	0	0
云南钛业股份有限公司	0	15	0	0	0	4	0	1	0	0	1	2	0	0	0	1	0
日本制铁株式会社	12	4	0	5	0	0	0	0	0	3	0	0	0	2	1	0	0
725研究所	5	0	0	0	0	0	1	0	0	0	4	9	0	0	0	1	1
洛阳双瑞精铸钛业有限公司	7	8	0	3	0	0	0	0	4	0	0	0	0	4	0	0	0
燕山大学	15	0	0	2	0	0	0	2	0	1	0	0	0	0	0	0	2
中国航空制造技术研究院	0	0	0	0	0	0	0	0	0	0	6	12	1	1	0	0	0
江苏天工科技股份有限公司	0	0	0	1	4	1	1	5	0	0	0	0	0	0	0	0	0
广东省焊接技术研究所	0	0	0	0	0	0	0	0	0	0	11	4	0	0	0	0	0

图 2-13 中国重要申请人技术热点图

2.2.6 中国主要发明人分析

表2-4为中国钛合金制备及焊接技术主要发明人及所属公司。由表2-4可知，西北有色金属研究院的发明人赵永庆专利申请量排名第1，为20件，而该院在该领域的专利申请总量共有28件，由此可见赵永庆是西北有色金属研究院在该领域的主要技术专家。排名第3的发明人刘日平、排名第4的马明臻和排名第10的张新宇均来自燕山大学，可见燕山大学拥有相对较强研发团队，研发实力较强。

表 2-4　中国钛合金制备及焊接技术主要发明人及所属公司情况表

序号	发明人	专利数量/件	所属公司
1	赵永庆	20	西北有色金属研究院
2	朱小坤	16	江苏天工科技股份有限公司
3	刘日平	15	燕山大学
4	马明臻	15	燕山大学
5	刘茵琪	14	洛阳双瑞精铸钛业有限公司
6	李渤渤	14	洛阳双瑞精铸钛业有限公司
7	候宇鑫	13	江苏天工科技股份有限公司
8	周建林	13	龙南新晶钛业有限公司
9	姚力军	13	宁波创润新材料有限公司
10	张新宇	12	燕山大学

2.2.7 中国主要竞争对手分析

宝钛集团有限公司（以下简称"宝钛集团"或"公司"）始建于1965年，原名902厂，1972年更名为宝鸡有色金属加工厂，1983～1999年期间，工厂进入了快速发展时期，其产值、产量以20%以上的速度递增，2000年至今，公司进入了调整结构、转换机制，向建立现代企业制度迈进的发展时期，2005 年为建立现代企业制度、理顺国有资产管理关系，工厂整体改制为宝钛集团有限公司。

经过 50 多年的发展，宝钛集团现已成为我国目前最大的以钛及钛合金为主的专业化稀有金属生产科研基地，拥有钛材、锆材、装备设计制造、特种金属等四大产业板块，形成了从海绵钛矿石采矿到冶炼、加工及深加工、设备制造的完整钛产业链，其中，主导产品钛材年产量占全国总产量的 40% 以上。拥有中国钛工业第一家上市企业宝钛股份及我国特材非标装备制造第一股的南京宝色两家上市公司在内的 9 个控股子公司、4 个参股公司、5 个全资子公司、10 余个二级生产经营单位。拥有先进的生产装备和大型材料检测中心，企业技术中心被国家有关部委联合认定为"国家级企业技术中心"，是中国钛及钛合金国标、国军标、行标的主要制定者。"宝钛"牌钛及钛合金加工材荣获中国名牌产品称号，是中国钛行业唯一入选品牌，荣膺中国知名品牌 500 强。

图 2-14 为宝钛集团发展情况及钛合金制备及焊接技术专利申请

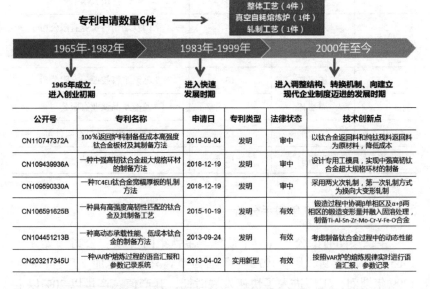

公开号	专利名称	申请日	专利类型	法律状态	技术创新点
CN110747372A	100%返回炉料制备低成本高强度钛合金板材及其制备方法	2019-09-04	发明	审中	以钛合金返回料和纯钛残料返回料为原料，降低成本
CN109439936A	一种中强高韧钛合金超大规格环材的制备方法	2018-12-19	发明	审中	设计专用T模具，实现中强高韧钛合金超大规格环材的制备
CN109590330A	一种TC4ELI钛合金宽幅厚板的轧制方法	2018-12-19	发明	审中	采用两火次轧制，第一次轧制方式为换向大变形轧制
CN106591625B	一种具有高强度高韧性匹配的钛合金及其制备工艺	2015-10-19	发明	有效	锻造过程中协调β单相区及α+β两相区的锻造变形量并融入固溶处理，制备Ti-Al-Sn-Zr-Mo-Cr-V-Fe-O合金
CN104451213B	一种高动态承载性能、低成本钛合金的制备方法	2013-09-24	发明	有效	考虑制备钛合金过程中的动态性能
CN203217345U	一种VAR炉熔炼过程的语音汇报和参数记录系统	2013-04-02	实用新型	有效	按照VAR炉的熔炼规律实时进行语音汇报、参数记录

图 2-14 宝钛集团发展情况及钛合金制备及焊接技术专利申请情况

情况，宝钛集团在钛合金制备及焊接技术领域内申请专利 6 件，其中发明专利 5 件、实用新型专利 1 件；涉及整体工艺的专利 4 件、真空自耗熔炼炉的专利 1 件、轧制工艺的专利 1 件。

图 2-15 为聚能钛业发展情况及钛合金制备及焊接技术专利申请情况。聚能钛业在该领域申请专利 6 件，其中涉及冷床炉熔炼工艺的专利 4 件、冷床炉专利 1 件、其他熔炼设备专利 1 件。其中，其他熔炼设备专利"一种钛合金熔炼设备"，技术创新点在于将熔炼炉、合金炉和保温炉组配成两组，用一个铸造机同时对两个保温炉中的钛合金溶液进行熔炼铸造。

公开号	专利名称	申请日	专利类型	法律状态	技术创新点
CN109868389A	一种利用热阴极电子束冷床炉熔炼TA2铸锭的方法	2019-01-09	发明	审中	选择热阴极电子束冷床炉，保证熔铸阶段的连续和稳定
CN108239710A	一种提高TC4钛合金中Al元素均匀性的方法	2018-04-10	发明	审中	控制熔炼速度和各区域功率分配比，提高铸锭头尾部铝元素均匀性
CN106282593B	一种电子束冷床回收重熔TC4废料的工艺	2016-09-21	发明	有效	以TC4回收料为原料，用电子束冷床炉进行熔炼制备TC4钛合金
CN105838899A	一种电子束冷床单次熔炼TC4钛合金铸锭头部补缩工艺	2016-05-18	发明	失效	电子束冷床单次熔炼过程中，在浇铸区进行补缩
CN203203395U	一种钛合金熔炼设备	2013-03-14	实用新型	有效	一个铸造机同时对两个保温炉中的钛合金溶液进行熔炼铸造
CN103966458A	单电子枪冷床熔炼炉	2013-02-04	发明	失效	采用单把电子枪分别对三个部位轮流扫描实现加热

图 2-15　聚能钛业发展情况及钛合金制备及焊接技术专利申请情况

青海聚能钛业股份有限公司（以下简称"聚能钛业"或"公司"）是由青海省水利水电（集团）有限责任公司和深圳博诚新材料有限合伙企业共同出资组建的青海省唯一一家钛及钛合金熔铸加工生产企业。公司于 2008 年 9 月注册成立。

聚能钛业拥有三台电子束真空冷床熔炼炉（以下简称 EB 炉），

其中两台 EB 炉分别从美国、乌克兰引进，一台 EB 炉自主研发制造，公司利用三台 EB 炉专业化生产钛及钛合金铸锭，设备总装功率9300kW、年最大产能 12100t、单锭最大质量 20t 的三项指标领先而位居全国 EB 炉熔铸行业之首。

公司先后通过 ISO 9001 质量体系认证，ISO 14001 环境管理体系认证，以及 OHSAS 18001 职业安全健康认证，公司还通过了国军标质量管理体系认证和军工保密二级资格认证，取得了武器装备科研生产许可证。公司于 2018 年 3 月在全国中小企业股份转让系统（即"新三板"）正式挂牌，股票简称为青聚能钛，股票代码为 872625，是青海省唯一一家在"新三板"挂牌的国有（控股）企业。

湖南金天钛业科技有限公司（以下简称"金天钛业"或"公司"）是湖南湘投金天科技集团有限责任公司的下属子公司，2004 年4 月 8 日成立，主要致力于高质量铸锭和钛带卷板坯、大型锻件、高精度棒线材等钛及钛合金加工材系列产品的研发、生产和经营，生产的钛加工材系列产品可广泛应用于航空、航天、舰船、兵器等国防工业及石油、化工、冶金、电力、交通、海洋、医疗、环保、建筑、体育休闲等领域。

公司严格按照 ISO 9001—2008 质量管理体系、ISO 14001—2004环境管理体系和 GB/T 28001—2001 职业健康安全管理体系的要求规范企业管理，并于 2010 年 1 月通过三体系认证，2011 年通过三级军工保密资格认证，2012 年通过 AS 9100C 航空航天质量管理体系，并获得多项国家标准和国家行业标准的起草权。

图 2-16 为金天钛业发展情况及钛合金制备及焊接技术专利申请情况，金天钛业在该领域申请专利 4 件，均为发明专利，其中名为大规格高单重的纯钛锻造板坯的生产方法的专利已失效；4 件专利申请中，涉及真空自耗熔炼工艺的专利 2 件、锻造工艺专利2 件。

图 2-16　金天钛业发展情况及钛合金制备及焊接技术专利申请情况

3 重点技术分支专利分析

3.1 钛合金材料制备工艺

截至 2020 年 6 月 15 日，钛合金制备及焊接技术领域中钛合金材料制备工艺（以下简称制备工艺）专利申请总量为 504 件。

3.1.1 各技术分支的趋势对比

图 3-1 为制备工艺及其技术分支的专利申请量和趋势。由图 3-1 可知，制备工艺中整体工艺专利量最多，为 284 件，占制备工艺总量的 55%，且其在 2013 年开始申请量急剧上升，与制备工艺的申请趋势基本相同，说明，相比其他技术分支而言，申请人比较重视整

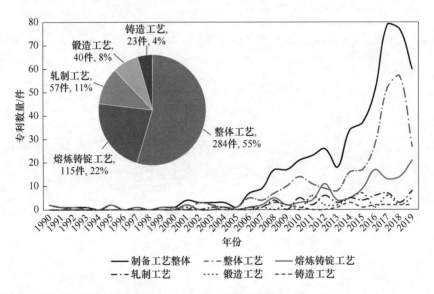

图 3-1 制备工艺及其技术分支的专利申请量和趋势

体工艺的研发和布局。

注：因专利存在 18 个月公开周期，2019 年数据不能反映真实数据。

3.1.2 各技术分支的主要申请人分析

表 3-1 为制备工艺各技术分支主要申请人专利量统计。表中对技术分支排名靠前的专利申请人进行了汇总，在整体工艺中，西北有色金属研究院申请的专利量最多，熔炼铸锭工艺中，云南钛业股份有限公司申请的专利量最多，其他技术分支中各个企业的专利申请量都较少。725 研究所在制备工艺中申请的专利都集中在整体工艺上。

表 3-1 制备工艺各技术分支主要申请人专利量统计表

技术分支	主要专利申请人	专利数量/件
整体工艺	西北有色金属研究院	21
	燕山大学	15
	日本制铁株式会社	12
	哈尔滨工业大学	9
	北京科技大学	8
	洛阳双瑞精铸钛业有限公司	7
	中南大学	6
	725 研究所	5
熔炼铸锭工艺	云南钛业股份有限公司	15
	宁波创润新材料有限公司	9
	洛阳双瑞精铸钛业有限公司	8
	西部超导材料科技股份有限公司	7
轧制工艺	攀钢集团攀枝花钢钒有限公司	5
	日本制铁株式会社	5
	西部钛业有限责任公司	5
锻造工艺	冶联科技地产有限责任公司	3
	西北工业大学	3
铸造工艺	哈尔滨工业大学	3
	株式会社神户制钢所	3

3.1.2.1 西北有色金属研究院

西北有色金属研究院是我国重要的稀有金属材料研究基地和行业技术开发中心、稀有金属材料加工国家工程研究中心、金属多孔材料国家重点实验室、超导材料制备国家工程实验室、中国有色金属工业西北质量监督检验中心、层状金属复合材料国家地方联合工程研究中心等的依托单位。现有资产总值123亿元，仪器设备5000多台套，占地3391亩，正式职工4000余人，其中科技人员千余人，有中国工程院院士2人，教授、高工502人，博士、硕士1004人，2019年全院综合收入132.07亿元。于1966年组建的钛合金研究所，研制出近60种钛合金，其中独立创新研制的合金近30种，形成了高温、低温、高强、高韧、损伤容限、耐蚀、船用、低成本和医用等钛合金系列。并在冷、热成型、焊接、机械加工、近净成型加工等方面进行了广泛深入的研究，开发出这些钛合金的板、箔、管、毛细管、棒、丝、锻件、压力容器、异型件、紧固件等产品，满足了航空、航天、舰船、兵器、化工、冶金、机械、电子、能源、轻工、医疗等行业的需要。

在制备工艺中，西北有色金属研究院共申请专利28件，其中涉及整体工艺的专利21件，熔炼铸锭工艺的专利4件，轧制工艺2件，锻造工艺1件；专利类型全部为发明，其中有效专利17件，失效专利8件，审中专利2件。可见，西北有色金属研究院对该技术的创新性较强。

3.1.2.2 云南钛业股份有限公司

云南钛业股份有限公司（以下简称"云南钛业"），成立于2009年8月，是致力于中国钛及钛合金大型锭坯熔铸、钛板卷、棒材、管材、线材、型材、丝材及钛制品和钛设备工艺技术研发与产业化的国有企业。云南钛业经过自主创新研发掌握了利用钢铁轧制设备成卷轧制钛带卷的核心技术，成功研发生产出了中国第一卷冷轧钛卷，创建了中国"钢-钛"结合生产钛带卷的低成本生产技术模式，是中国完整拥有冷、热轧钛板/带卷生产工艺线的企业。

在制备工艺中，云南钛业股份有限公司共申请专利15件，均在熔炼铸锭工艺，其中有效专利7件，失效专利3件，审中专利5件。

3.1.3 技术主题分析聚类

表 3-2 为制备工艺技术主题分析聚类统计。由表 3-2 可知，在整体工艺中申请的重点集中在热处理、钛合金板材、耐腐蚀、钛合金材料、真空自耗和钛合金铸锭上，分析二级聚类原因，整体工艺中包含了钛合金材料经过真空自耗熔炼等工艺形成钛合金铸锭，经过热处理等工序生成钛合金板材，钛合金板材具有耐腐蚀性。

表 3-2 制备工艺技术主题分析聚类统计表

一级聚类	二级聚类	专利申请数量/件
整体工艺 （284 件）	热处理	50
	钛合金板材	23
	耐腐蚀	23
	钛合金材料	18
	真空自耗	17
	钛合金铸锭	11
熔炼铸锭工艺 （115 件）	真空自耗	53
	冷床	44
	真空非自耗	10
	真空感应	7
轧制工艺 （57 件）	终轧温度	6
	展宽换向轧制	5
	轧制变形量	4
锻造工艺 （40 件）	绝热地加热	20
	锻造温度	13
	火次锻造	5
铸造工艺 （23 件）	加热铸型	6
	金属熔铸	2

在熔炼铸锭工艺中，申请的重点集中在"真空自耗""冷床""真空非自耗"和"真空感应"上，分析二级聚类原因，这三者均为熔炼铸锭采用的工艺方法。由上可知，其余工艺的二级聚类原因也均与自身工艺的过程有关。

3.1.4 重要申请人及研发重点

图3-2为制备工艺重要申请人专利申请情况。由图3-2可知，排名前20位的申请人以企业为主，申请量排名前10的申请人中，日本制铁株式会社排名第2，可见日本比较重视在中国市场的专利布局，这一点需要引起国内相关企业的重视。排名第1的申请人西北有色金属研究院，其技术创新能力较强，是该领域主要技术追踪对象、技术借鉴和学习对象，也是最大的竞争对手；其余企业的专利技术也要定期进行追踪，属于潜在的竞争对手。

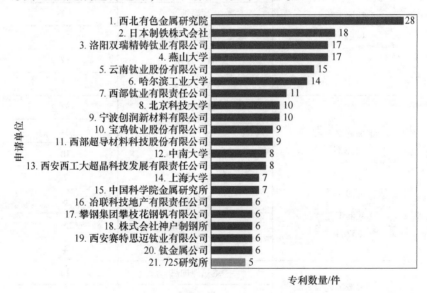

图 3-2 制备工艺重要申请人专利申请情况

图3-3为制备工艺重要申请人研发热点。由图3-3可知，在制备工艺的技术分支整体工艺中，西北有色金属研究院、日本制铁株式

会社和燕山大学的专利申请量较高；在熔炼铸锭工艺中云南钛业股份有限公司的专利申请量较高，在熔炼铸锭工艺的下级技术分支中，其侧重于冷床炉熔炼法的研究；在轧制工艺中日本制铁株式会社和西部钛业有限责任公司的专利申请量较高；在铸造和锻造工艺中，各个公司的专利申请量都不高；说明在制备工艺中整体工艺、熔炼铸锭工艺和轧制工艺为研发和布局重点。

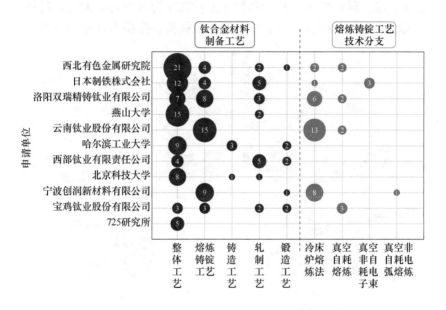

图 3-3 制备工艺重要申请人研发热点

3.1.5 重要申请人技术合作分析

申请人之间的合作对整合几个申请主体的资源，提高专利授权的成功率，提高专利的维持时间，提高维持市场的竞争力具有不可估量的作用。特别对于开发周期长及投入经费比较多的技术，合作申请不仅能提高企业自主创新，加速科技成果商业化，更能促进科研人员间显性和隐性知识的交流，加速知识的溢出和扩散。

图 3-4 为制备工艺重要申请人技术合作分析。现阶段国内申请人以合作形式进行专利申请的数量并不多，合作申请的主要模式是企业与企业、科研单位与企业、高校与企业、高校与高校、高校与科研单位之间的合作。由图 3-4 可知，在该领域排名前 20 位申请人的合作模式中，只有部分企业有合作申请，其中覆盖面最广的是以哈尔滨工业大学为中心的合作网络，与其合作的有 4 个机构，包含企业 2 家、科研机构 1 家和高校 1 家；其次为西安西工大超晶科技发展有限责任公司，与其合作的有 3 个机构，类型为企业、科研机

图 3-4 制备工艺重要申请人技术合作分析

构和高校；其余申请人的合作类型也大都覆盖了上述的合作模式；而 725 研究所申请的专利都为独立申请，没有与其他机构的合作。说明国内制备工艺领域内排名前 20 位的申请人中部分申请人已经意识到合作申请对研发和生产到来的好处，并都进行了一定的合作申请。

3.1.6 专利集中度分析

图 3-5 为 2001~2019 年制备工艺专利集中度分析。由图 3-5 可知，在 2001~2006 年该领域专利技术集中度都很高，说明在这些年中，企业的技术垄断性较高，核心技术掌握在少数企业手中。在 2006 年之后，专利集中度呈下降趋势，说明这几年中，该领域的垄断程度有所下降，有越来越多的企业开始进入这个领域，企业之间的竞争更加激烈。

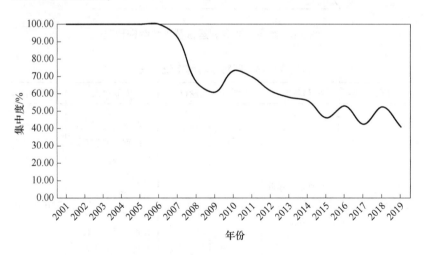

图 3-5 制备工艺专利集中度分析

3.1.7 专利运营及国防解密情况

图 3-6 为制备工艺专利运营及国防解密情况，表 3-3 为国防专利解密统计。在制备工艺的 504 件相关专利中，约有 8%（38 件）的

专利发生过权利转移（33件）、许可（2件）、专利权质押（2件）和保全（1件），整体运营比例较低。

注：专利保全是法院在审理民事案件中裁定对专利权采取保全措施，从而"冻结"有关专利权，使权利人不能行使放弃、转让、许可等权利。

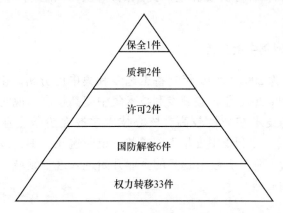

图 3-6 制备工艺专利运营及国防解密情况

表 3-3 国防专利解密统计表

公开(公告)号	专利名称	申请日	授权日	专利权人	解密时间
CN106134316B	大型非对称近环类锻件预制坯的成型方法	2007-12-14	2010-10-06	西北工业大学、宝山钢铁股份有限公司特殊钢分公司、哈尔滨工业大学、沈阳飞机工业（集团）有限公司、中国航空工业第一集团公司沈阳飞机设计研究所	2016-11-16
CN106507831B	一种 α 型低成本钛合金	2002-08-19	2008-02-27	西北有色金属研究院	2017-03-15

公开(公告)号	专利名称	申请日	授权日	专利权人	解密时间
CN106507830B	一种 β 型低成本钛合金	2002-08-19	2008-02-27	西北有色金属研究院	2017-03-15
CN106507844B	一种 1500MPa 级高强钛合金	2009-12-01	2012-01-18	西北有色金属研究院、辽宁工业大学	2017-03-15
CN106507843B	一种 1600MPa 级高强钛合金	2009-12-01	2012-01-18	西北有色金属研究院、辽宁工业大学	2017-03-15
CN106507836B	一种高强韧钛合金及其制备方法	2003-09-30	2008-04-09	西北有色金属研究院	2017-03-15

国防解密专利为 6 件，其中 5 件均为西北有色金属研究院申请的专利，1 件为西北工业大学与其他企业、科研院所的合作申请。企业可以对这 6 件国防解密专利进行深入解析，了解专利技术的价值，避免研发资源的重复投入。

3.2 钛合金设备

截至 2020 年 6 月 15 日，钛合金制备及焊接技术领域中钛合金材料设备（以下简称钛合金设备）专利申请总量为 264 件。

3.2.1 各技术分支的趋势对比

图 3-7 为钛合金设备各技术分支专利申请趋势对比分析。由图 3-7 可知，熔炼/铸锭设备的专利申请量最多，为 150 件。从申请趋势看，4 个技术分支在 2001 年之前申请量均比较少，在 2001 年之后专利申请量逐步增加；其中，熔炼/铸锭相关设备的专利申请增幅较

大，比较明显地可以看出，该技术分支专利申请量从 2012 年的 1 件增加到 2017 年的 27 件；轧制设备、锻造设备及铸造设备的专利申请量趋势均是在小范围内波动，专利申请量较少，这说明申请人比较注重钛合金材料的熔炼/铸锭设备的研究。

注：因专利存在 18 个月公开周期，2019 年数据不能反映真实数据。

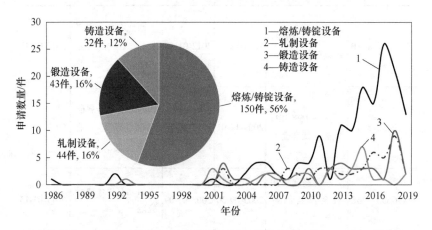

图 3-7 钛合金设备各技术分支专利申请趋势对比分析

3.2.2 技术主题分析聚类

表 3-4 为钛合金设备技术主题分析聚类统计。从表中可以看出，该技术的申请重点集中在四类主题上，分别为熔炼/铸锭设备、轧制设备、铸造设备和锻造设备，其中申请量最高的是熔炼/铸锭设备，为 150 件，按聚类又可细分为真空自耗电弧炉（VAR）、真空感应炉、冷床炉（EB）、电子束炉和等离子束炉。

轧制设备的专利申请量为 44 件，按聚类又可细分为工作辊、加热炉、钛合金板坯轧制和加热装置。

锻造设备的专利申请量为 43 件，按聚类又可细分为锻造液压、等温锻造液压、固定板和可调节导向装置。

铸造设备的专利申请量为 32 件，按聚类又可细分为金属熔体传导、电控系统和真空系统。

表 3-4　钛合金设备技术主题分析聚类统计

一级聚类	二级聚类	专利数量/件
熔炼/铸锭设备 （150 件）	真空自耗电弧炉（VAR）	53
	真空感应炉	40
	冷床炉（EB）	26
	电子束炉	7
	等离子束炉（等离子弧）	2
轧制设备 （44 件）	工作辊	7
	加热炉	5
	钛合金板坯轧制	5
	加热装置	5
锻造设备 （43 件）	锻造液压	38
	等温锻造液压	13
	固定板	8
	可调节导向装置	7
铸造设备 （32 件）	金属熔体传导	11
	电控系统	8
	真空系统	8

3.2.3　重要申请人研发重点

图 3-8 为钛合金设备重要申请人研发热点。该图列出了重要申请人在熔炼/铸锭设备、轧制设备、锻造设备和铸造设备四个技术分支的专利布局情况。由图 3-8 可知，在熔炼/铸锭设备方面，龙南新晶钛业有限公司和重庆钢铁有限责任公司的申请量较高，分别为 10 件和 6 件，这两家企业均在熔炼/铸锭设备的下级技术分支真空自耗炉申请的专利较多；在轧制设备方面，洛阳双瑞精铸钛业有限公司

的专利布局较多，申请量为 4 件；在锻造设备方面，天津市天锻压力机有限公司专利布局较多，为 14 件；725 研究所仅在钛合金设备技术领域布局了 1 件关于熔炼铸锭设备的专利。

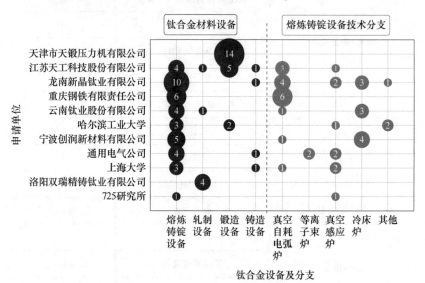

图 3-8　钛合金设备重要申请人研发热点

3.2.4　专利集中度分析

图 3-9 为钛合金设备申请人集中度（2001～2019 年）。由图 3-9 可知，2001～2012 年的专利申请人集中度均比较高，说明这一时期的在钛合金材料设备领域只有少数企业快速成长及扩张，该领域的专利仅掌握在少数企业手中，技术垄断程度较高；随着工业化的发展，老技术逐渐成熟新技术不断涌现，越来越多的企业参与到钛合金材料设备的研究当中，2012 年之后专利集中度出现下降趋势，参与研究的企业越来越多，可见钛合金设备技术仍将是企业的研发热点。

3.2.5　专利运营分析

图 3-10 为钛合金设备专利运营情况。由图 3-10 可知，钛合金设

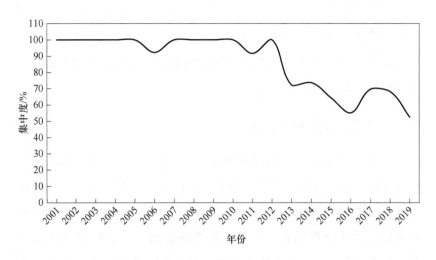

图 3-9　钛合金设备申请人集中度

备运营专利共 31 件，其中进行转让（权利转移）的有 28 件，进行专利许可的有 2 件，进行专利质押的有 1 件，整体专利运营率为 11.7%，专利运营程度较低。钛合金设备的制造属于技术型企业，专利的技术含量相对较高，但产业化程度尚未大面积得到发展，这说明该领域的技术可能存在一定的技术瓶颈需要突破，随着市场需求的增加，以及技术瓶颈的突破，该技术相关的专利进行运营的数量和比例将会随之提升。

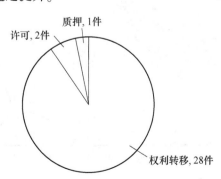

图 3-10　钛合金设备专利运营情况

3.3 钛合金厚板焊接

截至 2020 年 6 月 15 日，钛合金制备及焊接技术领域中钛合金厚板焊接专利申请总量为 345 件。

3.3.1 技术分支专利申请趋势

图 3-11 为钛合金厚板焊接各技术分支专利申请趋势。钛合金厚板焊接的专利可以分类为焊接设备、焊接方法和焊接材料 3 个技术分支。由图 3-11 可以看出，2010~2015 年 3 个技术分支每年的专利申请呈波动式缓慢增长，年申请量维持在 20 件以内。2016~2018 年，焊接设备技术分支保持较大增长率，2018 年焊接设备年专利申请量为 54 件，在此期间，2017 年起焊接方法技术分支的年专利申请快速增加，至 2018 年达到 22 件。

注：因专利存在 18 个月公开周期，2019 年数据不能反映真实数据。

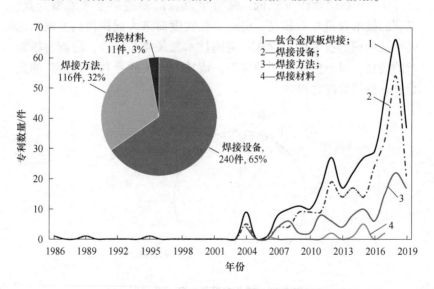

图 3-11 钛合金厚板焊接各技术分支专利申请趋势

3.3.2 重要申请人合作分析

图 3-12 为钛合金厚板焊接重要申请人合作分析。在该领域进行专利合作的主体有 19 个，其中哈尔滨工业大学（威海校区）的合作覆盖面相对较广，合作网络包括宝色特种设备有限公司、山东船舶技术研究院和宝鸡钛业股份有限公司，其次是北京航空航天大学与中国航空工业集团公司北京航空制造工程研究所、成都发动机公司的合作；其余申请人的合作均为两个申请人之间的合作。申请人之间的合作可实现资源互补和共享，提高企业、研究机构或者高校的技术创新速度，增强企业市场竞争力。

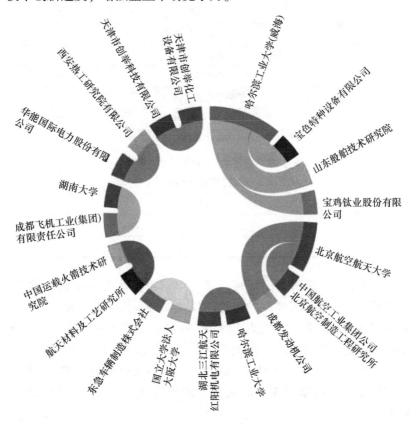

图 3-12 钛合金厚板焊接重要申请人合作分析

3.3.3 技术主题分析聚类

表3-5为钛合金厚板焊接技术主题分析聚类统计。对345件钛合金厚板焊接技术专利进行技术主题聚类分析，得到表中所示的分析结果，通过聚类分析，了解对应技术领域内最热门的技术主题词，以便了解更详细的技术焦点。

表3-5 钛合金厚板焊接技术主题分析聚类统计表

一级聚类	二级聚类	专利数量/件
焊接设备 （240件）	激光焊接	59
	保护罩	33
	进气管	27
	气体保护装置	26
	焊接接头	16
焊接方法 （116件）	钨极氩弧焊（TIG）	45
	激光焊	40
	电子束焊	11
	熔化极惰性气体保护焊（MIG）	6
	等离子弧焊（PAW）	4
焊接材料 （11件）	焊丝	3
	低成本	3
	药芯	2

从表3-5可以看出，焊接设备的申请重点主要在于激光焊接、保护罩、进气管、气体保护装置和焊接接头，其中激光焊接和保护罩专利申请量较高，分别为59件和33件；焊接方法的申请重点集中在钨极氩弧焊（TIG）、激光焊、电子束焊、熔化极惰性气体保护焊（MIG）和等离子弧焊（PAW），其中钨极氩弧焊（TIG）和激光焊的专利申请量最多；焊接材料的申请重点为焊丝、低成本和药芯。

经过对专利做筛选和分类，得出焊接设备的技术改进点为激光焊接结构部位、保护罩、进气管和气体保护装置，以提高焊接接头的质量；钨极氩弧焊（TIG）为技术改进较多的焊接方法类型，激光焊是近年钛合金厚板焊接技术领域的技术焦点；焊接材料主要指焊丝、药芯的成分等对焊丝性能有重要影响，改进药芯以实现低成本焊接。

3.3.4 重要申请人研发热点

图 3-13 为钛合金厚板焊接技术重要申请人研发热点。由图 3-13可以看出，哈尔滨工业大学在焊接方法和焊接设备技术分支上的专利申请量均为 11 件；中国航空制造技术研究院、725 研究所和日本轻金属株式会社在焊接方法技术分支上的专利申请量高于焊接设备和焊接材料技术分支上的专利申请量，725 研究所和日本轻金属株式会社侧重于钨极氩弧焊技术的研究，而中国航空制造技术研究院侧重于激光焊技术的研究；而广东省焊接技术研究所、江麓机电集团有限公司、西南交通大学和无锡市亚青机械厂侧重于焊接设备的技

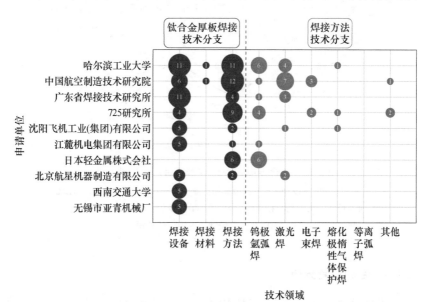

图 3-13 钛合金厚板焊接技术领域重要申请人研发热点

术研究创新。总体来看，在钛合金厚板焊接技术领域内焊接设备和焊接方法为申请人布局重点，而焊接方法下级技术分支中，申请人则更注重钨极氩弧焊和激光焊的布局。

3.3.5 新进入者分析

图 3-14 为钛合金厚板焊接技术新进入者申请趋势（新进入者定义为仅在过去 5 年内才提交专利申请的申请人）。从图中可以了解，江麓机电集团有限公司、西南交通大学、江苏天工科技股份有限公司、长沙中拓创新科技有限公司、哈尔滨焊接研究院有限公司和山西北方机械制造有限责任公司是钛合金厚板焊接技术领域的新进入者，这些新进入者在该领域可能形成新型竞争，可以被视为潜在的收购或合作机会。

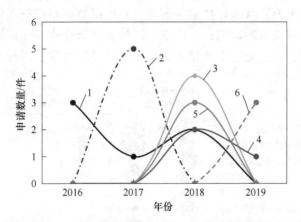

图 3-14 钛合金厚板焊接技术新进入者申请趋势

1—江麓机电集团有限公司；2—西南交通大学；3—江苏天工科技股份有限公司；
4—长沙中拓创新科技有限公司；5—哈尔滨焊接研究院有限公司；
6—山西北方机械制造有限责任公司

3.3.6 专利运营分析

图 3-15 为钛合金厚板焊接技术专利运营情况。从图 3-15 可看出，钛合金厚板焊接技术 345 件专利中，进行运营的专利有 23 件，

其中 17 件专利发生了专利权转移，占专利运营总数（23 件）的 74%，4 件专利进行了许可，2 件专利进行了质押，分别占专利运营总数（23 件）的 17% 和 9%，总体来看，专利运营率较低，专利运营方式以专利权转移为主。

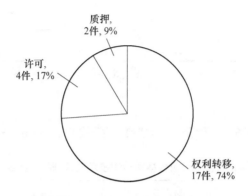

图 3-15　钛合金厚板焊接技术专利运营情况

3.4　成型和检测

3.4.1　专利申请趋势

图 3-16 为钛合金厚板成型和检测技术专利申请趋势。从图 3-16 可以看出，2001~2018 年成型和检测技术每年的专利申请呈波动式缓慢增长，成型技术的专利年申请量在 9 件以内，检测技术的年申请量更少，最高不超过 6 件；尽管专利存在 18 个月公开周期，2019 年数据不能完全反映真实数据，但是仍能看出 2018~2019 年，两个技术领域的年申请量迅速增加。

3.4.2　技术主题分析聚类

表 3-6 为钛合金厚板成型和检测技术主题分析聚类统计。分析 74 件钛合金厚板成型技术和 32 件钛合金厚板检测技术的相关专利，得到表中所示分析结果。

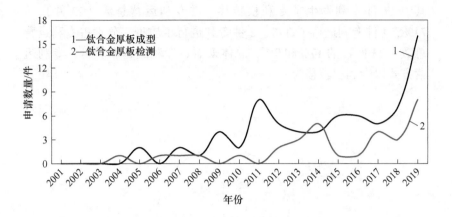

图 3-16 钛合金厚板成型和检测技术专利申请趋势

表 3-6 钛合金厚板成型和检测技术主题分析聚类统计表

主 题	一级聚类	二级聚类	专利数量
钛合金厚板成型	热成型 （68 件）	轧制生产特殊规格	21
		相变点	7
		变形量	7
		展宽换向轧制	5
	冷成型（3 件）	—	—
	冷热成型（3 件）	—	—
钛合金厚板检测	残余应力检测及消应 （21 件）	退火	4
		再结晶温度	4
		焊接接头	3
	无损检测 （11 件）	射线检验	5
		超声波检验	5
		渗透检验	1

从表 3-6 可以看出，热成型技术的申请重点主要在于轧制生产特殊规格、相变点、变形量和展宽换向轧制，其中轧制生产特殊规格的专利申请量较高，为 21 件；残余应力检测及消应技术的申请重点为退火、再结晶温度和焊接接头；无损检测技术的申请重点主要为射线检验和超声波检验。

经过对专利做筛选和分类，得出热成型的技术改进点为相变点温度参数、变形量参数和展宽换向轧制，以满足后续轧制生产特殊规格钛合金坯料的需求；残余应力检测及消应的主要方法为退火工艺，控制再结晶温度，用于消除钛合金厚板焊接接头处的残余应力等；无损检测的主要技术手段为射线检验、超声波检验。

注：冷成型和冷热成型技术的专利申请量较少，不做聚类分析。

3.4.3 重要申请人

表 3-7 和表 3-8 为钛合金厚板成型和检测技术重要申请人专利统计（排名前 4），可以看出，钛合金厚板成型技术排名前 4 的申请人为舞阳钢铁有限责任公司、西部钛业有限责任公司、哈尔滨工业大学和洛阳双瑞精铸钛业有限公司；钛合金厚板检测技术排名前 4 的申请人为燕山大学、北京理工大学、中国航空工业集团公司北京航空材料研究院和 725 研究所。这些申请人的专利申请类型均为发明型，其中舞阳钢铁有限责任公司的 5 件发明专利处于实质审查状态，属于近一两年的新申请。总体来看，上述申请人的专利失效率较低，专利创造性较强。

表 3-7 钛合金厚板成型技术重要申请人专利统计表

序号	钛合金厚板成型技术领域专利权人	申请总量/件	专利类型		法律状态		
			发明型	实用新型	有效	审中	失效
1	舞阳钢铁有限责任公司	6	6	0	0	5	1
2	西部钛业有限责任公司	5	5	0	5	0	0
3	哈尔滨工业大学	5	5	0	4	1	0
4	洛阳双瑞精铸钛业有限公司	4	4	0	3	1	0

表3-8 钛合金厚板检测技术重要申请人专利统计表

序号	钛合金厚板检测技术领域专利权人	申请总量/件	专利类型		法律状态		
			发明型	实用新型	有效	审中	失效
1	燕山大学	2	2	0	2	0	0
2	北京理工大学	2	2	0	0	1	0
3	中国航空工业集团公司北京航空材料研究院	2	2	0	2	0	0
4	725研究所	2	2	0	0	1	1

4 技术创新性分析

4.1 725 研究所专利

本节对中国船舶重工集团公司第 725 研究所在钛合金制备及焊接技术方面申请的两篇专利进行技术创新性分析。

4.1.1 一种船用钛合金厚板的振动热丝窄间隙焊接方法

表 4-1 为专利技术方案对比分析。

表 4-1 CN109048004A 专利技术方案对比分析

专利名称	一种船用钛合金厚板的振动热丝窄间隙焊接方法（以下简称"本专利"）	全位置窄间隙热丝惰性气体钨极保护焊工艺（以下简称"对比文件1"）	LNG 内罐壁板动态半自动焊接方法（以下简称"对比文件2"）
专利公开/公告号	CN109048004A	CN103894708A	CN103381520A
申请日	2018-08-07	2014-03-18	2013-07-18
公告日	2018-12-21	2014-07-02	2013-11-06
权利要求技术特征拆解	一种船用钛合金厚板的振动热丝窄间隙焊接方法，包括以下步骤： （1）U 形坡口加工，将厚度为 20～150mm 的两个钛合金试板的对接端加工成窄间隙 U 形坡口；	对比文件1公开了以下步骤： （1）坡口加工，将厚度为 40～150mm（即公开了 20～150mm）的试板加工成窄间隙坡口；	—

| 权利要求技术特征拆解 | （2）在焊接前，将加工成U形坡口后的钛合金试板表面进行机械打磨，然后依次用丙酮、酒精溶剂超声波清洗去除油污，干燥待用；

（3）将步骤（2）中干燥后的钛合金试板测量好尺寸后置于工作台上，用夹具固定好，采用手工TIG焊进行点焊定位；

（4）采用振动热丝窄间隙焊进行打底、填充、盖面；打底参数为焊接电流185~200A、送丝速度1.6~1.8m/min、焊接速度18~20cm/min、焊接电压14~15V、热丝电流80~100A、焊丝振动频率30~40Hz、保护气流量25~30L/min；填充参数为焊接电流210~280A、送丝速度3~4.5m/min、焊接速度19~22cm/min、焊接电压14~15V、热丝电流80~100A、焊丝振动频率30~40Hz、钨极摆动角度30°~45°、每秒弧摆度80°~100°、保护气流量25~30L/min；盖面参数为焊接电流250~280A、送丝速度4~4.5m/min、焊接速度19~22cm/min、焊接电压14~15V、热丝电流80~100A、焊丝振动频率30~40Hz、钨极摆动角度30°~45°、每秒弧摆度80°~100°、保护气流量25~30L/min | （2）在焊接前，将加工坡口后的试板表面进去除油污，干燥待用（焊接前肯定要保持干燥，这是对比文件1隐含公开的内容）；

（3）坡口装配；

（4）采用热丝窄间隙焊进行打底、热焊、填充（即分别对应于打底、填充、盖面）；打底参数为焊接基值电流130~150A、峰值电流220~250A、送丝速度0.8~1m/min、焊接速度7~10cm/min、焊接电压9~11V、热丝电流80~100A、焊丝振动频率30~40Hz、保护气流量25~30L/min；热焊（即填充）参数为焊接基值电流130~150A、峰值电流220~250A、送丝速度4~6m/min（即公开了3~4.5m/min）、焊接速度9~11cm/min、焊接电压9~11V、焊丝摇动焊接、保护气流量25~30L/min；填充（即盖面）参数为焊接基值电流120~160A、峰值电流210~280A、送丝速度8~15m/min、焊接速度7~11cm/min、焊接电压8~11V、热丝电流10~30A、焊丝摇动焊接、保护气流量25~30L/min | 焊接时焊丝以振动方式送进，频率控制在230Hz左右，采用TIG焊进行打底、填充、盖面完成焊接 |

评价依据	本专利中权利要求（1）与对比文件 1 的技术方案相比，区别技术特征在于：（1）本申请的焊接对象是一种船用钛合金厚板，采用该焊接方法实现两个钛合金试板的对接，坡口为 U 形坡口，焊接前将加工成 U 形坡口后的钛合金试板表面进行机械打磨，然后依次用丙酮、酒精溶剂超声波清洗去除油污；然后将干燥后的钛合金试板测量好尺寸后置于工作台上，用夹具固定好，采用手工 TIG 焊进行点焊定位；（2）焊接时焊丝发生振动，填充焊时焊丝振动频率30~40Hz，盖面焊时焊丝振动频率 30~40Hz；焊接时进行打底、填充、盖面的具体工艺参数与对比文件 1 中的不同。 对于区别技术特征（1），在对比文件 1 已经公开了采用热丝窄间隙焊接方法对厚板进行焊接的基础上，将其用于船用钛合金厚板的焊接也是一种常规应用，而采用该焊接方法实现两个钛合金试板的对接也是完全能够实现的；根据具体的焊接对象，设置坡口为 U 形坡口，焊接前将加工成 U 形坡口后的钛合金试板表面进行机械打磨，然后依次用丙酮、酒精溶剂超声波清洗去除油污；然后将干燥后的钛合金试板测量好尺寸后置于工作台上，用夹具固定好，采用手工 TIG 焊进行点焊定位，这些均是本领域进行焊接时的常规技术手段，不需付出创造性劳动。 对于区别技术特征（2），其实际要解决的技术问题是如何改善熔池的结晶状态。对比文件 2（CN103381520A）公开了一种 TIG 焊接方法，其中公开了焊接时焊丝以振动方式送进，频率控制在 230Hz 左右，采用 TIG 焊进行打底、填充、盖面完成焊接。且这些特征在对比文件 2 中所起的作用与其在本发明中所起的作用相同，都是通过振动送丝对熔池进行搅拌，改善熔池结晶状态，细化晶粒，因此对比文件 2 给出了将上述特征应用于对比文件 1 以解决其技术问题的启示。在此基础上，本领域技术人员根据实际情况设定填充焊时焊丝振动频率为 30~40Hz，盖面焊时焊丝振动频率 30~40Hz，这是本领域的常规选择；而对于打底、填充、盖面时的具体焊接工艺，如焊接电流、送丝速度、焊接速度、焊接电压、热丝电流则可由本领域技术人员通过有限的试验获得，不需付出创造性劳动；在对比文件 1 已经公开了焊接时焊丝来回摆动，在侧壁停留一段时间，加大对侧壁焊接的热输入的基础上，为了避免侧壁未熔合缺陷的产生，本领域技术人员设置钨极弧形摆动，并根据具体情况设置填充、盖面时的钨极摆动角度 30°~40°、每秒弧摆度 80°~100°，这些均是本领域的常规设置
评价结果	该专利创新性一般

4.1.2 一种钛合金弧段筒体焊接装配校形装置

表4-2为CN111390411A专利技术方案对比。

表4-2 CN111390411A专利技术方案对比分析

专利名称	一种钛合金弧段筒体焊装配校形装置 （以下简称"本专利"）	一种钛合金机匣零件热处理校形工装 （以下简称"对比文件1"）	一种弧形喷管定位校形工装 （以下简称"对比文件2"）
专利公开/公告号	CN111390411A	CN106734388A	CN207952269U
申请日	2020-03-06	2016-12-05	2017-12-20
公告日	2020-07-10	2017-05-31	2018-10-12
权利要求技术特征拆解	一种钛合金弧段筒体焊装配校形装置，其特征在于： （1）包括安装在弧段筒体内部的横向加强组件、斜向加强组件和定位支撑块，所述横向加强组件的两端分别通过定位支撑块支撑连接在弧段筒体周向开口处的内壁上，横向加强组件轴向长度的改变用以调节弧段筒体周向开口尺寸； （2）所述斜向加强组件设置为两组，两组斜向加强组件的两端部通过定位支撑块连接在弧段筒体的内壁上，并和所述横向加强组件构成三角形结构，弧段筒体周向开口在经所述横向加强组件的调节后，利用斜向加强组件轴向长度的改变以避免弧段筒体周向开口的内翻或外张	对比文件1公开了： 如说明书中所述钛合金机匣零件热处理校形工装，包括内环支撑、外环支撑、第一辐板支撑、第二辐板支撑、第三辐板支撑、外环压板组件、内环压紧盖板和第一紧固螺柱； 如说明书中所述内环支撑为圆筒体，其上端端部从上到下依次设置有定位段和定位轴肩； 如说明书中所述第一辐板支撑的数量、第二辐板支撑的数量与被校形钛合金机匣零件中辐板的数量相同，所述第三辐板支撑的数量为被校形钛合金机匣零件中辐板数量的两倍，所述外环压板组件的数量至少为四套	如说明书中所述将弧形喷管放置在支撑放置位上，支撑放置位上设置有支撑弧面，竖向压紧件向下按压弧形喷管，将弧形喷管的弧形内侧面贴靠按压在支撑弧面上； 如说明书中所述定位件包括沿左右方向间隔布置于底座上的定位块，各定位块的朝向所述支撑放置位的侧面共同构成所述的竖直定位面

评价依据	本专利（CN111390411A）公开了一种钛合金弧段筒体焊接装配校形装置，所解决的技术问题主要是对大厚度钛合金弧段筒体的尺寸校形，保证筒体弧段尺寸的稳定性，同时确保筒体长度方向上不同尺寸的有效控制，确保弧段尺寸的一致性，实现校形后的弧段筒体尺寸与其他弧段的良好配合，从而保证校形、装配和焊接尺寸的有效控制。上述技术问题的技术方案主要是：采用的技术方案是在弧段筒体内部安装横向加强组件、斜向加强组件和定位支撑块，横向加强组件的两端分别通过定位支撑块支撑连接在弧段筒体周向开口处的内壁上，横向加强组件轴向长度的改变用以调节弧段筒体周向开口尺寸；斜向加强组件设置为两组，两组斜向加强组件的两端部通过定位支撑块连接在弧段筒体的内壁上，并和横向加强组件构成三角形结构，弧段筒体周向开口在经横向加强组件的调节后，利用斜向加强组件轴向长度的改变以避免弧段筒体周向开口的内翻或外张。 对比文件 1（CN106734388A）公开了一种钛合金机匣零件热处理校形工装，该热处理校形工装包括内环支撑、外环支撑、第一辐板支撑、第二辐板支撑、第三辐板支撑、外环压盖组件、内环压紧板和第一紧固螺柱；使用时，内环支撑、内环压紧盖板及第一紧固螺柱将安装在内环支撑上的被校形钛合金机匣零件中的内环固定；各第一辐板支撑、第二辐板支撑、第三辐板支撑将被校形钛合金机匣零件中的辐板固定；各外环压板组件安装在外环支撑上，将安装在外环支撑定位槽中的被校形钛合金机匣零件中的外环固定。从目前的检索来看，该专利为本专利最接近的现有技术。 本专利与对比文件 1 的区别技术特征在于：（1）两者解决的技术问题不同，本专利解决的主要是对大厚度钛合金弧段筒体的尺寸进行校形，而对比文件 1 所解决的技术问题主要是对钛合金机匣零件进行热处理校形；（2）采用的技术方案也不同，本专利主要是通过在弧段筒体内部安装横向加强组件、斜向加强组件（与外环压板组件不同）和定位支撑块（与定位段和定位轴肩不同），并将横向加强组件的两端分别通过定位支撑块支撑连接在弧段筒体周向开口处的内壁上，斜向加强组件的两端部通过定位支撑块连接在弧段筒体的内壁上，并和横向加强组件构成三角形结构，利用斜向加强组件轴向长度的改变以避免弧段筒体周向开口的内翻或外张。 本专利权利要求 1 的技术特征，在对比文件 1 中均未公开，且本专利与对比文件 1 的区别技术特征在对比文件 2 中也未能找到相应的技术启示，该区别技术特征也不是公知常识，因此对本领域技术人员的来说不是显而易见的，因此，本专利对于对比文件 1 和对比文件 2 来说具有新颖性和创造性
评价结果	该专利具有创新性

4.2 钛合金材料制备工艺

4.2.1 整体工艺

表 4-3 为 CN102965541B 专利的主要内容。

表 4-3 CN102965541B 专利内容

专利名称	一种用于真空自耗电弧炉自动起弧装置及控制方法									
申请人	中国船舶重工集团公司第十二研究所									
申请日	2012-12-06									
授权日	2014-11-26									

编号	元 素/%										
	Al	Nb	Zr	Mo	Fe	Si	C	O	N	H	Ti
Ti80-1	4.46	3.95	3.05	0.12	0.34	0.01	0.12	0.10	0.01	0.001	87.839
Ti80-2	5.05	3.68	2.68	0.28	0.30	0.05	0.09	0.10	0.01	0.001	87.759
Ti80-3	5.52	3.27	2.40	0.63	0.25	0.11	0.07	0.08	0.01	0.001	87.659
Ti80-4	6.03	2.74	1.95	0.99	0.19	0.15	0.05	0.09	0.01	0.001	87.799
Ti80-5	6.58	2.35	1.61	1.53	0.11	0.20	0.03	0.09	0.01	0.001	87.489
Ti80-6	7.04	1.98	0.95	1.98	0.05	0.25	0.02	0.01	0.01	0.001	87.619

（1）解决的技术问题：制备钛合金时，熔炼过程对成分含量的精确控制有较大难度，铸锭均匀性很难保证，容易出现偏析问题从而造成 Ti80 钛合金系列标准物质的研制难度很大。

（2）技术方案：Ti80 钛合金标准物质，各主要元素质量分数范围为：Al 4.3%～7.2%，Nb 1.85%～4.15%，Mo 0.15%～2.05%，Zr 0.85%～3.15%，Si 0.00～0.27%，Fe 0.00～0.40%，C 0.00～0.14%，其余为 Ti 及其他杂质元素，各组分的质量百分比之和为100%。其制备方法按照以下步骤实施：配料→立式横压压力机压制电极→真空充氩箱内焊接电极→真空自耗电极电弧炉熔炼一次铸锭→真空自耗电极电弧凝壳炉熔铸二次铸锭→真空自耗电极电弧炉熔炼三次铸锭→均匀化退火→均匀化变形加工→热处理→机加工→得到钛合金标准物质。本发明 Ti80 钛合金标准物质的制备方法可靠易行，可以准确控制和保证 Ti80 钛合金产品质量。

4.2.2　轧制工艺

表 4-4 为 CN103230936B 专利的内容。

表 4-4　CN103230936B 专利的内容

专利名称	一种 TC4 钛合金宽幅中厚板材的轧制方法
申请人	中钛西材（江苏）科技装备有限公司
申请日	2013-04-27
授权日	2015-01-14
专利转让	经过两次转让： 1. 第一次转让时间：2018-11-07 　转让人：西部钛业有限责任公司 　受让人：西部金属材料股份有限公司 2. 第二次转让时间：2019-01-23 　转让人：西部钛业有限责任公司 　受让人：中钛西材（江苏）科技装备有限公司

案例	抗拉强度/MPa		屈服强度/MPa		断裂伸长率/%	
	横向	纵向	横向	纵向	横向	纵向
实施例 1	975	967	900	881	15.5	14.6
实施例 2	960	950	880	865	15.4	14.5
实施例 3	957	950	884	867	15.3	14.7
实施例 4	955	950	867	849	15.2	14.6
实施例 5	960	949	862	848	14.5	14.0
实施例 6	967	948	865	845	14.1	12.7
实施例 7	952	935	850	830	13.1	12.5
实施例 8	945	930	854	831	13.8	12.0

（1）解决的技术问题：目前常规方法未能对轧制工艺参数实施有效地综合控制，导致板材的各向异性大。

（2）技术方案：本发明提供了一种 TC4 钛合金宽幅中厚板材的轧制方法，包括以下步骤：1）将厚度为 80~150mm，长度和宽度均为 800~1200mm 的 TC4 钛合金板坯进行第一加热处理；2）将 TC4 钛合金板坯进行第一轧制，得到半成品板坯；3）将半成品板坯剪切后去除表面氧化皮，然后进行第二加热处理；4）将半成品板坯进行第二轧制，得到厚度为 5~30mm，宽度为 1000~2600mm 的 TC4 钛合金宽幅中厚板材。

本发明通过对轧制温度、轧制火次、火次变形量以及轧制方向的综合控制，最终制备出各向异性小、力学性能高、强塑性综合匹配的 TC4 钛合金宽幅中厚板材。

4.2.3 轧制工艺

表 4-5 为 CN103045906B 专利的主要信息。

表 4-5 CN103045906B 专利主要信息

专利名称	一种高得料率低成本生产优质 TC4 合金热轧板工艺方法	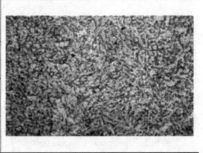
申请人	洛阳双瑞精铸钛业有限公司	
申请日	2012-12-24	
授权日	2014-07-23	

（1）解决的技术问题：TC4 合金生产成本高，限制了其广泛应用，而材料利用率低及热轧坯料或成品板修磨量大是造成其成本偏高的主要原因之一。

（2）技术方案：本发明介绍了一种高得料率低成本生产优质 TC4 合金热轧板工艺方法，通过 EB 扁锭制备、修磨及热轧、大气退火、喷砂、酸洗、修磨及定尺得到退火态 TC4 热轧板；其中，将着色检验技术应用在开坯坯料表面检验及供一火轧制坯料表面质量检验上。本发明采用 EB 熔炼轧制坯料，原材料至板坯得料率提高至 92%，原材料至成品得料率提高至 69%~73.6%，有效保证裂纹清除干净，达到后续轧制无修磨或少修磨目的，大大降低了修磨人工及物料成本；制备的板材抗拉强度为 950~1100MPa，屈服强度为 880~980MPa，延伸率在 14%~20% 之间，满足 GB/T 3621—2007、GB/T 14845—2007 和 ASTMB 265—2006 标准要求。

4.2.4 整体工艺

表 4-6 为 CN102965531B 专利的主要信息。

表 4-6 CN102965531B 专利的主要信息

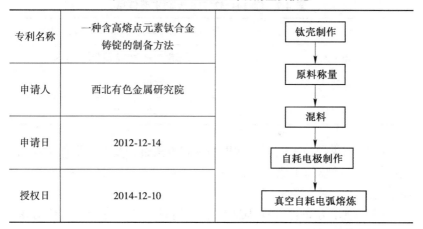

专利名称	一种含高熔点元素钛合金铸锭的制备方法
申请人	西北有色金属研究院
申请日	2012-12-14
授权日	2014-12-10

流程图：钛壳制作 → 原料称量 → 混料 → 自耗电极制作 → 真空自耗电弧熔炼

（1）解决的技术问题：用常规的真空自耗电弧熔炼制备铸锭时容易发生高密度夹杂及微区不均匀现象。电子束冷床炉及等离子冷床炉熔炼虽可以解决该类合金的高密度夹杂问题，但也需要使用真空自耗电弧熔炼预合金化，其成本显著增高，而且高熔点元素也容易沉积在冷壳中，造成铸锭中合金元素含量的下降。

（2）技术方案：一种含高熔点元素钛合金铸锭的制备方法，包括以下步骤：1）原料称量，按照需制备钛合金的名义化学成分进行原料的配比称量；原料包括粒径为 4mm 以下的细颗粒海绵钛、包裹于需制作电极块外侧的钛壳和粒度为 80 目以下的高熔点金属粉末，高熔点合金元素的熔点高于 2000℃；该步骤中高熔点合金元素为 W、Ta、Mo 和 Nb 中的一种或几种；2）混料，对步骤一中称量好的细颗粒海绵钛和高熔点金属粉末进行均匀混合，并获得混合物；3）自耗电极制作：将该步骤中混合均匀的均匀混合物压制成电极块，且电极块的外侧包覆有一层钛壳，钛壳的厚度为 0.5~3mm；之后，再将电极块焊接形成自耗电极；4）熔炼，采用真空自耗电弧炉对步骤三中所制作的自耗电极进行熔炼，并获得含高熔点元素钛合金铸锭。

4.2.5 熔炼铸锭工艺

表 4-7 为 CN104032151B 专利的主要信息。

表 4-7　CN104032151B 专利主要信息

专利名称	一种 TC4 钛合金铸锭的 EB 冷床炉熔炼方法
申请人	云南钛业股份有限公司
申请日	2014-05-30
授权日	2016-06-01

（1）解决的技术问题：常规的熔炼方法过程复杂，操作不灵活，能耗较大，后续加工成本大，高、低密度夹杂去除效果差，无法大规模生产 TC4 钛合金铸锭。

（2）技术方案：一种 TC4 钛合金铸锭的 EB 冷床炉熔炼方法，采用电子束冷床熔炼炉，熔炼大尺寸 1050mm×210mm×8000mm TC4 钛合金锭；其方法是选用不同比例的海绵钛、钛残料及纯铝、铝钒中间合金作为原料，在用电子束冷床熔炼炉熔炼 TC4 时，先将原料放入进料器；然后将炉子各部分独立封闭并分别进行抽真空；当真空达到电子枪的启动条件时及真空度为 $1.0×10^{-3}$ hPa 时，开启高压电源，并开启电子枪进行预热，预热完成后，开启电子枪进行熔炼，将 1、2 号枪的功率保持在 300~450kW，电压为 50kV 对原料进行熔化，将 3 号枪的电子束功率保持在 250~350kW，电压 50kV 对熔化原料液态进行精炼提纯；在合金液态装满整个冷床即将进入结晶器时，打开 3 号电子束枪的溢流图形，待钛液流进结晶器时，启动 4 号枪，功率 50kW，电压 35kV；将 4 号枪的电子束聚集到结晶器已覆盖钛液的位置，以保持钛液的熔融状态，直至钛液将结晶器完全覆盖；开始进行拉锭，在拉锭的同时并增加 4 号枪的功率和电压；当拉锭长度达到 100mm 时，1 号、2 号、3 号枪调整功率以匹配拉锭速度，调整 4 号枪的功率使电流到熔化原料的电流值时继续熔化；当原料熔炼完后，关闭 1 号、2 号、3 号枪，关闭 4 号枪的热斑点、溢流图形，逐步降低 4 号枪图形的大小和功率进行补缩；补缩完成后，利用 1 号、2 号枪将冷床四周清理干净，然后关闭 1 号～4 号枪，最后冷却出炉。

4.2.6 铸造工艺

表 4-8 为 CN104936723B 专利的主要信息。

表 4-8　CN104936723B 专利的主要信息

专利名称	由钛或者钛合金构成的板坯的连续铸造方法
申请人	株式会社神户制钢所
申请日	2014-01-23
授权日	2016-12-28

（1）解决的技术问题：由于在铸模的长边侧，等离子枪的滞留时间较长，因此，向初始凝固部输入的热量大，凝固坯壳变薄。另一方面，由于在铸模的短边侧、拐角部，等离子枪的滞留时间短，因此，向初始凝固部输入的热量不足，凝固坯壳生长（变厚）。这样，凝固行为因板坯的位置不同而不均匀，导致铸件表面性质的恶化。

（2）技术方案：一种由钛或者钛合金构成的板坯的连续铸造方法，在该连续铸造方法中，将熔化钛或者钛合金而成的熔融金属注入到截面为矩形且无底的铸模内而使其凝固，并且向下方拉拔，从而连续地铸造由钛或者钛合金构成的板坯，在铸模内的熔融金属的液面上使等离子枪在水平方向上旋转，通过电磁搅拌在铸模内的熔融金属的至少液面处产生在水平方向上旋转的流动，在沿长边方向设置将板坯的长边的长度设为 L 且将板坯的长边的中央设为 0 的坐标轴 x 时，将铸模的长边侧的铸壁附近的、位于 $-2L/5 \leqslant x \leqslant 2L/5$ 的范围内的熔融金属的液面处的 x 轴方向上的流速的平均值的绝对值设为 300mm/s 以上，铸模的长边侧的铸壁附近是与所述铸模的长边侧的铸壁相距 10mm 的位置。

4.3 钛合金设备

4.3.1 熔炼设备

表 4-9 为 CN104646647B 专利的主要信息。

表 4-9   CN104646647B 专利的主要信息

专利名称	钛基合金感应熔炼底漏式真空吸铸设备及控制方法	
申请人	北京博瑞杰特科技发展有限公司	
申请日	2015-01-16	

（1）解决的技术问题：本专利涉及一种新的钛基合金感应熔炼真空吸铸设备，该设备可以解决现有技术中的钛基合金熔炼过程中陶瓷坩埚内表面的陶瓷材料与钛金属发生反应的技术问题，保证钛基合金熔炼的可靠进行。

（2）技术方案：本专利提供的陶瓷坩埚在坩埚本体的内表面设置有隔离层，隔离层的制成材料里包含有氧化钇，其在高温下对钛金属具有很好的惰性，能够在熔炼过程中隔离可能与钛金属发生反应的陶瓷材料，保证钛基合金熔炼的可靠进行。由于陶瓷对电磁力没有任何屏蔽，因此感应线圈产生的所有的电磁感应的能量能够全部作用于钛金属上，节能环保，金属原料的利用率高达60%～70%，极大地降低了金属成本。

4.3.2 铸锭设备

表 4-10 为 CN206872902U 专利的主要信息。

表 4-10　CN206872902U 专利的主要信息

专利名称	钛合金铸锭用真空自耗炉	
申请人	龙南新晶钛业有限公司	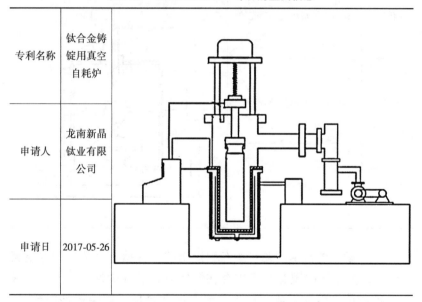
申请日	2017-05-26	

（1）解决的技术问题：本专利主要解决了真空熔炼炉的真空度低，最大的熔炼电机直径小，不能满足真空熔炼所需要的客观条件，熔炼之后的产品合格率低的技术问题。

（2）技术方案：本专利公开了一种钛合金真空熔炼炉，包括炉壳、坩埚、操作平台、摄像观测系统、电极升降控制器、电极杆与真空系统，坩埚位于炉壳内，真空系统与电极升降系统连接有在炉壳上，炉壳通过导管连接扩散泵，本专利通过在炉壳上增设导管连接扩散泵，可以使炉壳内的压强在一定时间内达到 10~20Pa，通过增大坩埚与电极杆的直径，使炉壳内的熔炼环境满足客观要求，这样可以大大提高熔炼后产品的合格率，为企业节约成本，提高效率。

4.3.3 铸造设备

表 4-11 为 CN206529510U 专利的主要信息。

表 4-11 CN206529510U 专利的主要信息

专利名称	钛合金铸造用真空凝壳炉	
申请人	龙南新晶钛业有限公司	
申请日	2017-06-17	

（1）解决的技术问题：本专利提出的一种钛合金铸造用真空凝壳炉，是为了解决现有技术中存在倾倒方式的准确性低、费力、液态金属容易飞溅在炉体内壁上、浪费液态金属、影响铸件的质量，降低成品率的缺点的问题。

（2）技术方案：一种钛合金铸造用真空凝壳炉，包括炉体、真空泵和下端设有支撑杆的电力控制柜，两个连接耳上分别通过转轴活动连接两个绝缘活动杆，其中一个绝缘活动杆通过连接耳和转轴与炉体侧壁活动连接，另一绝缘活动杆通过连接耳和转轴与铜质包裹层侧壁活动连接，位于铜坩埚下方的炉体底部设有浇筑装置，所述浇筑装置上盖设有弧形盖板，所述弧形盖板的上端设有导流管。该钛合金铸造用真空凝壳炉，有效防止液态金属的喷溅，保证了液态金属的利用率，节省了人力，使得倾倒方式的准确性更高，保证了铸件的质量，提高了成品率。

4.3.4 轧制设备

表 4-12 为 CN107159719B 专利的主要信息。

表 4-12 CN107159719B 专利的主要信息

专利名称	一种钛合金板连轧控温装置及控温连轧方法
申请人	燕山大学
申请日	2017-05-10

（1）解决的技术问题：本发明提供一种能够消除整个连轧过程中钛合金板中的温度差、准确控制钛合金板轧制时的温度，避免板材翘曲的钛合金板连轧控温装置及控温连轧方法。

（2）技术方案：一种钛合金板连轧控温装置，其包括环形感应线圈、支撑架、石箱、桁架、支架和比色测温仪，每一道轧制的轧辊前均设有桁架，在桁架的横梁上设有两台比色测温仪，桁架一侧的竖梁上设有一台比色测温仪，比色测温仪与钛合金板表面的夹角可以调整；距离桁架 2m 均设有支撑架，石箱固定在支撑架上，轧制的钛合金板从石箱中通过，在石箱内两侧的上表面、下表面和侧面均设置环形感应线圈组，这些环形感应线圈组均距离钛合金板表面2cm，每组环形感应线圈组包括了3个环形感应线圈，通电后环形感应线圈可以对钛合金板的板边进行加热。本发明能够消除整个连轧过程中钛合金板中的温度差、准确控制钛合金板轧制时的温度，避免板材翘曲。

表4-13为CN209383828U专利的主要信息。

表4-13 CN209383828U专利的主要信息

专利名称	一种用于钛合金板材轧前加工的热处理装置	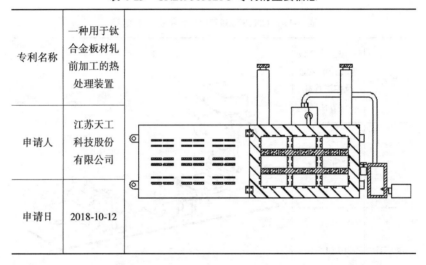
申请人	江苏天工科技股份有限公司	
申请日	2018-10-12	

（1）解决的技术问题：本实用新型专利提供了一种用于钛合金板材轧前加工的热处理装置，主要解决钛合金板坯的加热处理时温度较高，板坯表面易产生氧化或吸气现象形成氧化物的技术问题。

（2）技术方案：本实用新型专利公开了一种用于钛合金板材轧前加工的热处理装置，包括炉体、第一隔板、第二隔板、加热腔、透气孔、铰链、炉门、第一电炉丝、搭扣锁、真空泵、抽气管、出气管、去氧箱、阀门、惰性气体气罐、喷火枪、电液推杆、连接条板、移动托板、石棉耐热板、活动块、套筒、推杆、握杆和第二电炉丝。本实用新型专利结构合理，在对钛合金板材进行轧前加热时，通过去氧结构可有效去除炉体内部的氧气，从而可杜绝钛合金板材表面的氧化现象，避免原料的浪费，同时可减少去除氧化物的劳动量；钛合金板材在炉体中进行加热时，可使每个钛合金板材处于独立的加热腔中，加热腔通过四周的第一电炉丝和第二电炉丝将钛合金板材包围，进行加热，提高了钛合金板材的加热效率。

4.3.5 锻造设备

表 4-14 为 CN109365706A 专利的主要信息。

表 4-14 CN109365706A 专利的主要信息

专利名称	一种用于钛合金锭加工的快速锻造装置	
申请人	江苏天工科技股份有限公司	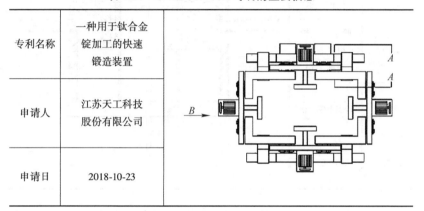
申请日	2018-10-23	

（1）解决的技术问题：本发明所公开的一种用于钛合金锭加工的快速锻造装置，解决了用大型转运设备进行夹持移动的不便性，节省了工作空间，有利于将钛合金锭夹持举起，便于对不同体积规格的钛合金锭进行夹持。

（2）技术方案：本发明公开了一种用于钛合金锭加工的快速锻造装置，包括 L 形块、承载钢板、方形管、固定板、第一齿轮、第一电机、第一推杆、盛装箱、电控箱、Z 形长板、U 形侧板、第二推杆、圆柱槽、L 形凹面槽、第二电机、滚轮、方体框、转轴、T 形滑块、T 形滑槽、圆形钢板、隔热圆板、长方形孔、第二齿轮、轴承座和通孔。本发明结构紧凑，有利于连续更换锤砸锻造面，节省了锻造时间，便于钛合金锭全面进行锻造，有利于将钛合金锭夹持举起，便于对不同体积规格的钛合金锭进行夹持。

4.4 钛合金厚板焊接

4.4.1 焊接设备

表 4-15 为 CN103934556B 专利的主要信息。

表 4-15　CN103934556B 专利的主要信息

专利名称	自动 TIG 焊机机头辅助保护气罩	
申请人	哈尔滨汽轮机厂有限责任公司	
申请日	2014-04-10	
授权日	2016-01-13	

（1）解决的技术问题：焊机的焊接喷嘴保护范围小而导致的在焊接过程中焊接熔池附近区域金属焊接容易发生氧化。

（2）技术方案：自动 TIG 焊机机头辅助保护气罩，包括两根导气管、顶盖和不锈钢外壳；不锈钢外壳为中空的圆柱体，不锈钢外壳的柱体上对称开有两个圆孔，两根导气管分别穿过不锈钢外壳柱体上的两个圆孔并与不锈钢外壳焊接，且导气管与不锈钢外壳的内部连通；顶盖为中空的圆柱体，且圆柱体的顶端圆周上固定有圆环形外沿，圆环形外沿与顶盖同轴，且圆环形外沿的外径与不锈钢外壳的外径相等；顶盖的底面圆周上固定有第一圆环形夹持器；圆环形外沿上设置一台肩，且第二圆环形夹持器固定在台肩内；顶盖、圆环形外沿、第一圆环形夹持器、第二圆环形夹持器和不锈钢外壳为一体结构；顶盖的柱体的外壁与不锈钢外壳的内壁的距离为 d，d 的取值范围为 15~25mm。

表 4-16 为 CN104128697B 专利的主要信息。

表 4-16　CN104128697B 专利的主要信息

专利名称	一种厚板钛合金窄间隙摆动焊接装置	
申请人	哈尔滨工业大学（威海）	
申请日	2014-08-26	
授权日	2016-08-17	

（1）解决的技术问题：采用手工 TIG 焊接，对焊工的操作水平要求较高，存在大量的影响质量的不稳定的因素，导致返修率很高，人工投入比较大。因此，需要发明一种新的窄间隙摆动焊接装置代替手工 TIG 焊接。

（2）技术方案：一种厚板钛合金窄间隙摆动焊接装置，包括焊枪摆动装置、送丝装置、水气保护装置。送丝装置连接在水气保护装置上，水气保护装置连接在焊枪摆动装置上，水气保护装置内设置有水冷系统和气保护系统，焊枪摆动装置包括步进电机、手柄、固定板、第一摆动板、第二摆动板、上支撑杆、下支撑杆、第一偏心轮、第二偏心轮、摆动板和绝缘板，步进电机连接在固定板一侧，第一摆动板和第二摆动板由定位销连接在固定板另一侧，第一摆动板和第二摆动板上分别设有摆动槽，第一摆动板的摆动槽内设有第一偏心轮，第二摆动板的摆动槽内设有第二偏心轮，第一偏心轮和第二偏心轮与步进电机的输出轴相连接，第一摆动板的上端经上支撑杆与摆动板上端相连接，第二摆动板的下端经下支撑杆与摆动板下端相连接，摆动板与绝缘板一侧相连接，绝缘板另一侧设有水气保护装置。

表 4-17 为 CN104942487B 专利的主要信息。

表 4-17　CN104942487B 专利的主要信息

专利名称	一种水下局部干法钛合金的焊接装置及方法	
申请人	哈尔滨工业大学（威海）	
申请日	2015-07-02	
授权日	2017-09-15	

（1）解决的技术问题：钛合金的水下焊接，传统的局部干法焊接在排水后在焊件表面仍有水残留，使焊接处出现气孔、表面氧化等不利影响。

（2）技术方案：一种水下局部干法钛合金的焊接装置，包括微波控制器、微波发生器、微波辐射器、波导管、云母片、焊枪夹持装置、焊枪和微波屏蔽罩，微波控制器通过导线与微波发生器连接，微波辐射器的一端与微波发生器相连接；波导管位于微波辐射器的外侧，其一端设置有云母片；焊枪安装在焊枪夹持装置上；微波屏蔽罩设在焊件的焊接位置处，焊枪及波导管穿过微波屏蔽罩，使云母片及焊枪的导电嘴位于微波屏蔽罩内；焊枪包括用于向微波屏蔽罩内通入氩气的通气装置；微波屏蔽罩可沿波导管及焊枪的轴向方向调节并固定位置；水下局部干法钛合金的焊接装置还包括排水罩和空气压缩机，空气压缩机与排水罩连接，排水罩设置在微波屏蔽罩的外侧，波导管及焊枪密封地穿过该排水罩。

4.4.2 焊接材料和焊接方法

表 4-18 为 CN105269153B 专利的主要信息。

表 4-18 CN105269153B 专利的主要信息

专利名称	一种用于厚板多道填丝激光焊接的焊丝及其焊接方法	
申请人	中国航空制造技术研究院	
申请日	2015-11-20	
授权日	2017-01-04	

（1）解决的技术问题：现有窄间隙激光焊接技术工程化较为困难，因为精准的送丝难以操作，且对侧壁熔合性的控制不稳定。

（2）技术方案：一种用于厚板多道填丝激光焊接的焊丝，用于厚板多道填丝激光焊接的焊丝的断面为左右对称结构，用于厚板多道填丝激光焊接的焊丝的断面包括位于左侧的左侧边、位于右侧的右侧边和位于底部的底边，左侧边和右侧边均为直线，左侧边和右侧边之间的夹角小于 180°，该夹角朝上，底边向该断面的内部凹或向该断面的外部凸。

一种消除填丝窄间隙激光焊接侧壁未熔合的焊接方法，包括以下步骤：

（1）在两个工件的边缘分别开左右对称的阶梯形坡口，装卡两个工件，使该两个工件的阶梯形坡口左右对称设置形成一个条形凹槽；

（2）将本发明中的焊丝的一端放入该条形凹槽内，使该焊丝的底边放置于该条形凹槽的下表面上，该焊丝的底边为一条向焊丝的断面的内部凹的弧线，该焊丝的断面的对称中心线与该条形凹槽的断面的对称中心线重合；

（3）使激光束沿该焊丝的断面的对称中心线照射向该焊丝的左侧边和右侧边进行第一道激光焊接；

（4）当第一道激光焊接完成后形成的焊缝的上表面为向上凸时，多次重复步骤（5），直至焊接完成；当第一道激光焊接完成后形成的焊缝的上表面为向下凹时，多次重复步骤（6），直至焊接完成；

（5）将本发明中的焊丝的一端放入该条形凹槽内焊缝的上表面，该焊丝的底边为一条向该焊丝的断面的内部凹的弧线，该焊丝的断面的对称中心线与该条形凹槽的断面的对称中心线重合；使激光束沿该焊丝的断面的对称中心线照射向该焊丝的左侧边和右侧边进行一道激光焊接；

（6）将本发明中的焊丝的一端放入该条形凹槽内焊缝的上表面，该焊丝的底边为一条向该焊丝的断面的外部凸的弧线，该焊丝的断面的对称中心线与该条形凹槽的断面的对称中心线重合；使激光束沿该焊丝的断面的对称中心线照射向该焊丝的左侧边和右侧边进行一道激光焊接。

表 4-19 为 CN106271061B 专利的主要信息。

表 4-19　CN106271061B 专利的主要信息

专利名称	一种非常规低温气体保护激光焊接方法	
申请人	哈尔滨工业大学	
申请日	2016-09-22	
授权日	2018-03-16	

（1）解决的技术问题：常规激光焊接过程易产生激光等离子体，导致焊接过程不稳定，容易产生成型不连续及焊接气孔等缺陷问题。

（2）技术方案：一种非常规低温气体保护激光焊接方法，按照以下步骤进行。

1）焊接前，将待焊工件的待焊接部位加工成 V 形坡口、U 形坡口或 Y 形坡口，并对加工后的坡口及两侧表面进行打磨和清洗，将打磨或清洗后的待焊工件固定在焊接工装夹具上；

2）利用夹具将激光头与送丝机构刚性固定；

3）设置焊接工艺参数：焊接速度为 $0.5\sim5m/min$；激光功率为 $2000\sim6000W$；离焦量为 $-3\sim+3$；若填充焊丝，则送丝速度为 $0.2\sim1.0m/min$；保护气采用氩气、氦气或两者的混合气，保护气流量为 $5\sim20L/min$，保护气温度为 $-160\sim-30℃$；

4）在实际焊接过程中，采用机器人集成系统控制焊接工艺参数，首先激光器控制发出激光，然后激光稳定 1s 后，控制机器人使得激光头运动，即完成焊接过程；待焊工件为钢、铝或钛合金；$-160\sim-30℃$ 的保护气温度是通过制冷机或冷风机对装有保护气的瓶及低温气体管进行冷却得到的。

表 4-20 为 CN104959725B 专利的主要信息。

表 4-20　CN104959725B 专利的主要信息

专利名称	一种大型变厚度构件电子束焊接变形控制方法	
申请人	航天材料及工艺研究所、中国运载火箭技术研究院	
申请日	2015-06-08	
授权日	2017-05-31	

（1）解决的技术问题：仅仅采用电子束实现大厚度结构件的焊接，容易存在焊接变形，且无法针对复杂的变厚度截面构件进行可靠有效的焊接。

（2）技术方案：一种大型变厚度构件电子束焊接变形控制方法，待焊接工件为变厚度的板状结构，具体步骤如下。

1）采用防变形工装对两个待焊接工件进行装夹，防变形工装包括第一固定板、第二固定板、四个拉杆、第一压块、第二压块、第三压块和第四压块，其中第一压块与第二压块为组合结构，组合之后的型面与待焊接工件厚度较大的一端的外表面贴合，第三压块和第四压块为组合结构，组合之后的型面与待焊接工件厚度较小的一端的外表面贴合，具体装夹方法如下：①将四个拉杆的一端固定安装在第一固定板上，并使四个拉杆垂于第一固定板，将第一压块与第二压块放置在第一固定板上，并使两个待焊接工件焊接面贴合后，将厚度较大的一端通过第一压块与第二压块进行固定，保证厚度较大的一端的外表面与第一压块与第二压块组合之后的型面相贴合；②将两个待焊接工件厚度较小的一端通过第三压块和第四压块进行固定，保证厚度较小的一端的外表面与第三压块和第四压块组合之后的型面相贴合；③安装第二固定板，将第二固定板放置在第三压块和第四压块上方，并将四个拉杆的另一端固定安装在第二固定板上，从而将四个压块和待焊接工件压紧。

2）将装夹待焊接工件的防变形工装工件放置于真空电子束焊机的操作台上，并进行固定。

3）采用电子束小束流对焊缝进行预定位，定位方式为焊缝双面定位，定位焊采用的电子束工艺参数为加速电压 50~60kV，聚焦电流 1500~1600mA，焊接束流 10~50mA，焊接速度为 500~1500mm/min。

4）采用电子束焊接工艺对定位后的工件进行焊接，焊接方式为双面焊接，第一面焊接工艺参数为：加速电压 50~60kV，聚焦电流 1500~1600mA，焊接束流 10~120mA，焊接速度 500~1500mm/min，第二面焊接工艺参数中加速电压、聚焦电流、焊接速度与第一面焊接相同，焊接束流比第一面焊接增加 10%~20%。

4.5 钛合金厚板成型和检测

4.5.1 热成型

表 4-21 为 CN104772380B 专利的主要信息。

表 4-21 CN104772380B 专利的主要信息

专利名称	一种钛合金板材的磁脉冲温热动态驱动成型装置及其成型方法	
申请人	山东科技大学	
申请日	2015-04-08	
授权日	2016-08-24	

（1）解决的技术问题：钛合金材料的塑形变形量小，特别是低温下，其塑性变形的区域小，易在晶界处产生应力集中，一旦出现较大的变形量，将产生局部穿晶断裂现象，这使得钛合金板材的塑性成型中，易于出现零件的回弹和破裂，进而直接影响成型零件的质量。

（2）技术方案：钛合金板材的磁脉冲温热动态驱动成型装置包括电磁成型线圈总成、凹模、钢套、电容充电回路和电容放电回路，其中，钢套内设置有加热棒，钢套的壁面上均匀设置有通透孔；增设铝驱动片，在凹模前后左右四个壁面上均分别设置若干数量的通气孔，以及凹模的顶部开设有与凹模内部贯通的冷却水通道，使钛合金板材和铝驱动片在电磁力的作用下塑性变形。

钛合金板材成型方法包括以下步骤：

（1）将电磁成型线圈插入电磁成型线圈外壳中，两者之间的间隙通过浇注填料进行密实填充，填料浇注完成后，在室温下固化 4h，再放入 80℃烘箱内保温 2h，得到电磁成型线圈总成；将上述电磁成型线圈总成装配至钢套内，并将钢套固定在压力机的工作台面上，其中，电磁成型线圈总成与钢套成间隙配合；再将凹模固定在压力机的上滑块上；然后，将铝驱动片与钛合金板材的中心对齐，钛合金板材在上、铝驱动片在下，层叠放置在钢套的顶部中心位置处。

（2）开启电源，向电磁储能电容充电，当电磁储能电容充电电压达到 25kV 后，断开充电回路。

（3）将压力机上滑块下压，使凹模压制在钛合金板材上，保持铝驱动片和钛合金板材之间紧密接触；然后，接通加热电路，对钢套中的加热棒通电，以使铝驱动片和钛合金板材升温；当铝驱动片和钛合金板材的温度上升至设定温度后，断开加热电路。

（4）闭合放电回路开关，利用储能电容对电磁成型线圈放电，使钛合金板材和铝驱动片在电磁力的作用下高速变形，制得钛合金零件。

（5）通过向冷却水通道通入冷却水，将成品冷却至常温；然后，将压力机上滑块上移，取出钛合金零件。

表 4-22 为 CN204148378U 专利的主要信息。

表 4-22　CN204148378U 专利的主要信息

专利名称	一种钛合金板材加热成型设备	
申请人	沈阳航天新阳速冻设备制造有限公司	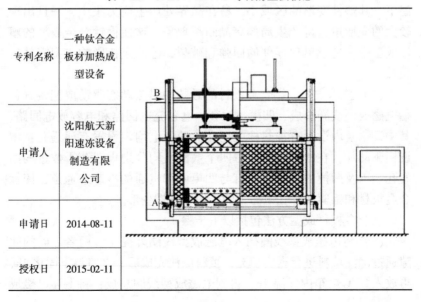
申请日	2014-08-11	
授权日	2015-02-11	

（1）解决的技术问题：钛合金（TC4、TA15 等）板材，受其金属元素影响，抗拉强度、屈服强度、伸长率、耐热性等物理性能差异很大，使用常规压制工艺达不到设计要求。

（2）技术方案：钛合金板材加热成型设备，包括框架、主液压缸、液压站、上加热平台、下加热平台、前升降保温门、后升降保温门、侧保温门、活动框架及电控柜，其中主液压缸及液压站分别安装在框架的上部，上加热平台位于下加热平台的上方，并连接于主液压缸的输出端，由该主液压缸驱动升降；上加热平台与下加热平台的前后两侧分别设有前升降保温门及后升降保温门，左右两侧分别设有侧保温门，共同形成加热和压制加工空间，前升降保温门及后升降保温门分别可移动地安装在活动框架上，前后两侧的活动框架的上端分别铰接于框架的上部，下端为自由端，前后两侧的活动框架分别铰接有保温门升降液压缸，该保温门升降液压缸的输出端与前升降保温门、后升降保温门铰接，驱动前升降保温门、后升降保温门升降；左右两侧的侧保温门的上端分别与框架铰接，下端分别铰接于安装在框架上的侧摆动保温门液压缸的输出端；主液压缸、保温门升降液压缸及侧摆动保温门液压缸分别与液压站相连，由该液压站提供动力；上加热平台及下加热平台上分别安装有压制钛合金板材的凸模、凹槽，该上加热平台及下加热平台分别与电控柜电连接。

4.5.2 冷热成型

表 4-23 为 CN103392019B 专利的主要信息。

（1）解决的技术问题：在对 α+β 型钛合金板进行冷轧时，如果冷轧到某种程度以上的压下率，则产生裂边这种在板两边缘部沿板宽度方向的裂纹，根据情况，存在板断裂的问题。

（2）技术方案：将热轧板的法线方向设为 ND 方向，将热轧方向设为 RD 方向，将热轧宽度方向设为 TD 方向，将 C 轴取向（α 相的（0001）面的法线方向）与 ND 方向形成的角度设为 θ，将包含 C 轴取向和 ND 方向的面与包含 ND 方向和 TD 方向的面形成的角度设为 φ，将 θ 为 0 以上 30°以下、并且 φ 处于整周（-180°~180°）的

表 4-23　CN103392019B 专利的主要信息

专利名称	冷轧性和在冷态下的处理性优异的 α+β 型钛合金板及其制造方法	
申请人	日本制铁株式会社	
申请日	2012-02-24	
授权日	2015-07-08	

晶粒的 X 射线的（0002）反射相对强度之中最强的强度设为 XND，将 θ 为 80°以上且低于 100°、并且 φ 处于 ±10°范围的晶粒的 X 射线的（0002）反射相对强度之中最强的强度设为 XTD，XTD/XND 为 5.0 以上。

4.5.3　残余应力检测及消应

表 4-24 为 CN103938138B 专利的主要信息。

表 4-24　CN103938138B 专利的主要信息

专利名称	一种改善钛合金焊接构件性能的亚再结晶退火工艺	工艺方案	σ/MPa	σ/MPa	δ/%	φ/%	J/cm³
		去应力退火（650℃）	998	952	10.1	33.3	26.7
申请人	中国航空工业集团公司北京航空材料研究院						
申请日	2014-04-08	亚再结晶退火（830℃）	966	910	12.2	47.2	37.8
授权日	2016-01-06						

（1）解决的技术问题：去应力退火后，从焊接接头硬度分布、残余应力测量和显微组织分析结果看，现有去应力退火的工艺条件下，不足以使焊接快速热循环造成的焊缝亚稳态组织（α′、亚稳 β）充分分解，焊缝过饱和的淬火状态没有得到有效缓解，焊缝接头处硬度、强度水平高，接头韧度低，这些缺点制约了不加焊料的电子束焊接及其他焊接工艺在重要承力构件上的应用。

（2）技术方案：钛合金焊接构件的亚再结晶退火工艺，钛合金为近 α 或 α-β 钛合金，焊后热处理退火温度采用亚再结晶退火温度，即为再结晶温度 T_{RC} 以下 50~80℃，加热保温；该亚再结晶退火温度适用于所有不加焊料的近 α 或 α-β 钛合金焊接方式，也适用于施加焊料的电子束焊接。

4.5.4 超声波检验

表 4-25 为 CN104215691B 专利的主要信息。

表 4-25　CN104215691B 专利的主要信息

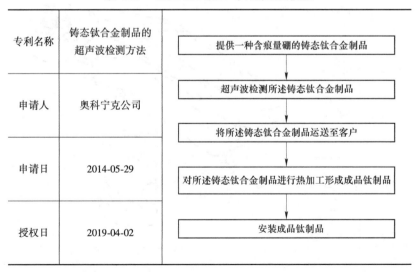

专利名称	铸态钛合金制品的超声波检测方法	
申请人	奥科宁克公司	
申请日	2014-05-29	
授权日	2019-04-02	

流程图内容：
提供一种含痕量硼的铸态钛合金制品 → 超声波检测所述铸态钛合金制品 → 将所述铸态钛合金制品运送至客户 → 对所述铸态钛合金制品进行热加工形成成品钛制品 → 安装成品钛制品

（1）解决的技术问题：铸态钛锭显示出粒度为几毫米到几厘米的非常粗的晶粒。这些晶粒在凝固模式下产生并且成为"噪声"，这意味着在超声波检测中会观察到频繁的、低振幅的反射。在极端情况下，这种噪声导致误报或满足检测能力需求所必要的检测敏感性不足。

（2）技术方案：一种铸态钛制品的检测方法，步骤包括提供一种由钛基合金和质量分数为 0.05%~0.20% 的硼组成的铸态钛制品，以细化铸态钛制品中的 αTi 晶粒的晶粒结构，改进热加工性，改善晶粒取向；并且在对铸态钛制品进行任意热加工前，超声检测具有细化的晶粒结构和改善的晶粒取向的所述铸态钛制品，获得低噪声级别的检测结果，以确定制品是否含有内部缺陷。

4.5.5 射线检验

表 4-26 为 CN207148013U 专利的主要信息。

表 4-26 CN207148013U 专利的主要信息

专利名称	一种钛合金缺陷无损检测装置	
申请人	龙南新晶钛业有限公司	
申请日	2017-05-28	
授权日	2018-03-27	

（1）解决的技术问题：现有无损检测装置采用冷却水道对 X 射线管进行冷却，结构复杂，大幅增加了冷却系统的体积，而且冷却

过程中需要消耗较多的能量。

（2）技术方案：一种钛合金缺陷无损检测装置，包括检测器、位于检测器内部的 X 射线管，检测器内部设置有控制电路；X 射线管的一侧或外围设置有至少一块的用于给 X 射线管降温的热电制冷片，控制电路位于 X 射线管的一端，控制电路与热电制冷片电性连接。

4.5.6　渗透检验

表 4-27 为 CN107063819A 专利的主要信息。

表 4-27　CN107063819A 专利的主要信息

专利名称	钛合金铸件荧光检测的预处理方法	
申请人	中国航发南方工业有限公司	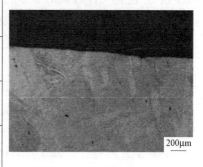
申请日	2017-06-28	
公开日	2017-08-18（实质审查）	200μm

（1）解决的技术问题：荧光检测合格的产品经过热处理（600℃）和试车（450℃）后再次进行荧光检测时，仍然会发现非加工表面有多处裂纹，这是由于熔融钛的化学活性较高，钛合金铸件毛坯表面特别是大型复杂结构的铸件毛坯表面容易形成氧化物层，称为 α 脆化层。由于 α 脆化层目视不可见，采用吹砂工艺也不能确保均匀有效地完全去除，α 脆化层在热应力作用下就会产生表面裂纹。

（2）技术方案：钛合金铸件荧光检测的预处理方法包括以下步骤：将钛合金铸件在浓度为 10～32g/L 的氢氟酸和浓度为 290～420g/L 的硝酸的混合溶液中腐蚀 1～6min，氢氟酸与所述硝酸的体积比为(7～30)∶1。

5 重点非专利文献分析

数据来源：知网、万方、维普。

检索时间范围：2016年1月1日~2020年7月24日。

截至2020年7月24日，本章通过查找博士论文、优秀硕士论文、期刊文章、电子图书、网络评论等多种形式的资料，分析整理后得到20篇相关性较高的非专利文献，且都是最新文献材料，有较高的参考价值，以下为具体检索材料内容。

5.1 钛合金材料技术

本节主要检索以下几篇文章进行分析。

（1）TC4ELI钛合金低周疲劳性能研究，研究内容和研究结果如下。

主要研究内容：研究了具有网篮组织的TC4ELI钛合金材料在不同应变幅值下的低周疲劳性能，给出了TC4ELI钛合金在低周疲劳下的循环应力-应变曲线，拟合出循环应变硬化指数、循环强度系数及应变-寿命特征系数，并通过光学显微镜进行金相分析，通过扫描电镜进行断口形貌分析。

研究结果：TC4ELI钛合金呈现出循环软化的特性；距离疲劳断口1.5mm处的组织形态与断口处无明显变化，疲劳裂纹以穿晶方式扩展直至断裂；随着应变幅值增大，韧窝变大变深，韧性断裂特征变得更加显著。

（2）Ti6321钛合金高温力学性能和显微组织的研究，研究内容和研究结果如下。

主要研究内容：通过固溶处理获得钛合金Ti6321的近等轴双相组织（T1）和魏氏组织（T2）两种试样，研究不同组织初始对材料在高温实验条件下的力学性能和变形行为的影响。利用 Gleeble 热力模拟试验机对材料进行高温压缩实验，变形温度为 700~900℃，应变速率为 $1s^{-1}$ 和 $10s^{-1}$，结合 OM 和 SEM 等表征方法对其微观组织演化进行观察分析。

研究结果：高温条件下，T2 具有较高的强度。随实验温度升高，两种组织 Ti6321 钛合金均出现明显的软化效应，强度值降低约300MPa。两种试样在加载后的显微组织均发生了明显的变化，两种组织晶粒沿载荷方向被显著拉长；其中 T1 试样发生了再结晶现象，随着温度升高，再结晶程度加剧，次生 α 相和 β 相构成的片层组织含量显著降低；T2 试样在较低温度变形时产生了绝热剪切带，剪切带附近晶粒发生严重变形、碎化，随着实验温度升高，片层组织软化严重且沿受力方向扭曲变形加剧。

（3）高强耐蚀 Ti-Al-Nb-Zr-Mo 合金的成分优化及组织和力学性能研究，研究内容和研究结果如下。

主要研究内容：基于 Ti80 合金，综合考虑船用钛合金设计中的Al-Mo 当量准则，最终得到了优化合金 Ti-5.5Al-3.0Nb-3.0Zr-1.2Mo，并且结合 Ni 元素能增加钛合金耐缝隙腐蚀性能的特征，在合金中添加 0.3% 的 Ni 元素，得到 Ti-5.5Al-3.0Nb-3.0Zr-1.2Mo-0.3Ni，以期进一步提升优化合金的强度和耐蚀性。

研究结果：Ti-5.5Al-3.0Nb-3.0Zr-1.2Mo 合金的热处理组织呈均匀网篮状，力学性能与电化学腐蚀性能均表现优异。添加 0.3% 的 Ni后合金组织得到细化，强度及电化学腐蚀性能得到进一步提升，塑韧性有所降低。

（4）新型钛合金保载-疲劳裂纹扩展行为试验研究，研究内容和研究结果如下。

主要研究内容包括：

1）对国内外疲劳和保载-疲劳裂纹扩展行为研究进行了综述。重点研究保载-疲劳裂纹扩展行为，为本文研究奠定了理论研究基础。

2）开展潜水器耐压壳用钛合金材料基础力学性能和疲劳性能试验研究。开展钛合金材料进行包括拉伸和断裂韧性等基础力学性能试验，为后期疲劳和保载-疲劳试验确定相关材料参数。开展钛合金材料不同应力比下疲劳性能试验，得出不同应力比对疲劳裂纹扩展行为的影响。

3）对室温下潜水器耐压壳用钛合金保载-疲劳裂纹扩展行为进行试验研究。重点研究在不同保载时间及不同保载应力比下的钛合金保载-疲劳寿命和裂纹扩展速率，汇总试验结果并进行分析与总结，得出不同保载时间以及应力比对保载-疲劳裂纹扩展行为的影响。

4）基于定量分析的方法及微观扫描电子显微镜，对本试验结果开展分析。引入定量分析方法的概念，分别对疲劳及保载-疲劳试验结果进行定量分析，揭示保载对疲劳裂纹扩展行为的影响。利用扫描电子显微镜对试样断口进行扫描并分析扫描结果，基于上述分析结果，对钛合金保载-疲劳扩展行为机理进行探讨，从而揭示保载对疲劳扩展行为的影响机理。

研究结果如下：

1）对新型钛合金材料进行了化学成分检测后，与其他钛合金材料的化学成分进行成分比例对比。两种不同种类的钛合金主要化学成分含量类似，但在钒元素和铝元素上差异相对较大，而这两种元素的含量高低也是衡量钛合金材料结构强度的微观指标之一。因此，在新型钛合金材料的选择上更加符合我国大深度载人潜水器载人舱的选材要求。因而本文也是针对新型钛合金材料开展各项试验研究。

2）对新型钛合金材料进行室温拉伸试验，得到了新型钛合金材料的规定非比例延伸强度、抗拉强度、弹性模量、断后伸长率、屈服强度和极限强度等相关力学性能参数，为后期开展疲劳裂纹扩展速率试验奠定基础。

3）对新型钛合金材料进行裂纹预制以及断裂韧性试验。其中，裂纹预制试验是后文所有试验的基础试验，断裂韧性试验则能够得到该种钛合金材料的断裂韧性值，从而为后期对新型钛合金材料的其余试验的开展和试验结果的分析提供帮助。

4）对新型钛合金材料开展不同应力比下的疲劳裂纹扩展速率试验，探讨了不同应力比对新型钛合金材料的疲劳裂纹扩展的影响。

经过试验发现，改变试验中应力比的大小，对新型钛合金材料的疲劳裂纹扩展速率有着较大影响，在试验结果绘制的曲线图中具体表现为裂纹扩展初期三组不同应力比下裂纹扩展速率的大小相对较为一致，而进入裂纹稳定扩展阶段后，应力比对疲劳裂纹扩展速率的影响逐渐显现，在应力强度因子范围达到 40 单位后，应力比的影响达到最大，具体表现为三组曲线在中后期差别较大，同一应力强度因子范围下，应力比大的裂纹扩展速率也相对较大。

5）对新型钛合金材料开展不同保载时间下的保载-疲劳裂纹扩展速率试验，探究不同保载时间对该种材料的保载-疲劳裂纹扩展速率的影响。通过试验发现，保载时间对新型钛合金材料的疲劳裂纹扩展速率具有明显影响。存在保载时间的裂纹扩展速率均高于纯疲劳状态下的裂纹扩展速率，引入保载时间后，随着保载时间从 30s 至 120s 的不断增加，在相同应力强度因子范围下，保载-疲劳裂纹扩展速率明显呈线性增加。

6）对新型钛合金材料开展相同保载时间不同应力比下的保载-疲劳裂纹扩展速率试验，探究了不同应力比对新型钛合金材料的保载-疲劳裂纹扩展的影响。经过试验发现，改变试验中应力比的大小，对新型钛合金材料的保载-疲劳裂纹扩展速率有着较大影响，在试验结果绘制的曲线图中具体表现为裂纹扩展初期三组不同应力比下裂纹扩展速率的大小相对较为一致，而进入裂纹稳定扩展阶段后，应力比对疲劳裂纹扩展速率的影响逐渐显现，在应力强度因子范围达到 30MPa 后，应力比的影响达到最大，具体表现为三组曲线在中后期差别较大，同一应力强度因子范围下，应力比大的裂纹扩展速率也相对较大。

7）当保载时间在 30~60s 时，保载-疲劳寿命减少幅度较大，当保载时间达到 60s 后保载-疲劳寿命减少幅度骤减，说明疲劳寿命在保载时间达到一定后对新型钛合金材料的疲劳寿命影响较小。以此推断新型钛合金材料的保载-疲劳保载时间上饱和值在 60~120s 区间内。因此，定量分析的角度可以得到改变保载-疲劳试验中保载时间的大小对于新型钛合金材料的疲劳寿命及裂纹扩展速率均存在较大影响。

8）在裂纹扩展初期，扫描电子显微镜的扫描结果显示试样断口裂纹源区域存在沿裂纹扩展方向分布的撕裂棱以及少量存在的人字纹，人字纹是裂纹扩展中脆性断口的重要判断依据，根据人字纹可以找出裂纹扩展的方向，"人"的人字头相反的方向即为裂纹扩展的方向。

9）在裂纹扩展的后两个阶段，不难发现在裂纹撕裂棱附近存在有少量疲劳条带，由此可以判断，在保载-疲劳裂纹扩展过程中，由于二次裂纹的起裂，使得断口表面的局部应力得到松弛，从而促使裂纹可以以条带机制扩展。在裂纹扩展的后期，断口平面出现少量韧窝，韧窝的出现是金属材料塑性断裂的重要特征之一，在断裂条件相同时，韧窝的尺寸越大，表明该种材料的塑性越强。

（5）TC1 钛合金板材组织均匀性的研究及改善，研究内容和研究结果如下。

主要研究内容包括：

1）研究 TC1 板材轧制生产过程中其显微组织的演变机制，重点研究在轧制过程中产生的不均匀组织，通过对不均匀组织的分布特点、微观形貌、微区成分、晶粒取向、晶界类型等组织信息的研究，明确了不均匀组织的微观本质及产生原因。

2）通过对具有不同组织特征的板材进行硬度 HV 检测、室温拉伸检测及高温拉伸检测，分析了组织均匀性对板材宏观力学性能的影响。

3）通过研究热轧变形温度、冷轧变形程度、退火温度及时间等工艺参数对 TC1 板材组织均匀性的影响，优化 TC1 板材轧制生产工艺，改善 TC1 板材成品的组织均匀性。

研究结果如下：

1）TC1 板材热轧开坯过程中会产生不均匀组织，其实质是变形的针状 α 组织内部动态回复产生的亚晶粒聚合物，这些回复亚晶在其后的退火过程中并未发生静态再结晶，黑色 β 相沿着亚晶界扩散，在光学显微镜下呈现出了黑色的条带状组织。

2）带状组织在板材内部的分布密度与板材各部分的不均匀变形程度有关，变形越不均匀的部位，其带状组织分布密度越高，在力学性能上表现为该部位硬度、强度越高，塑性越低，纵、横向性能差异越大。

3）TC1 板坯轧制时采用单相区加热、两相区变形的工艺可以激发更多的热激活能与畸变能，使针状 α 晶粒内部发生动态再结晶产生等轴化，减少了带状组织的产生，进而显著提高了 TC1 成品板材的组织均匀性。

4）冷轧变形量不低于 50% 时，TC1 板材内部的带状组织被充分破碎，退火时发生静态再结晶变得等轴化，从而获得了均匀细小的显微组织。

5）本文确定的 TC1 板材最优工艺为 950℃热轧开坯→50%冷轧变形→740℃/30min 成品退火，采用这一工艺轧制而成的 TC1 板材组织均匀一致，晶粒尺寸细小。

（6）高强耐蚀 Ti-Al-Zr-Sn-Mo-Nb 合金的成分优化及组织性能研究，研究内容和研究结果如下。

主要研究内容包括：

1）利用第一性原理设计合金成分。采用第一性原理方法系统研究了合金化元素对钛合金体系相稳定性和弹性性能的影响，确定研究对象 Ti-5.5Al-xM 体系。基于 Ti90 的研究，本文选取 Zr、Mo、Sn 和 Nb 四种合金元素。采用第一性原理虚晶近似的方法，通过比较形成能、弹性常数、剪切模量与体模量等参量的变化，研究 Zr、Sn、Mo 和 Nb 合金化对密排六方的 Ti 的结构稳定性和力学性能的影响，从而得到合理的元素范围。

2）设计正交试验。本课题是在 Ti90 合金的基础上展开研究的，因此主合金元素的变化不宜偏离原始合金成分太远。经过查阅文献和本课题组的实验，结合第一性原理设计的合金组分，Ti90（Ti-4.09Al-3.9Zr-2.05Sn-1.5Mo-0.96Nb）合金的主要合金元素及其成分范围为 Al（3.5%～4.5%）、Zr（3.5%～4.5%）、Sn（1.5%～2.5%）、Mo（1.0%～2.0%）、Nb（0.5%～1.0%）。经查阅相关资料和本课题组陈才敏师兄等人针对优化耐蚀钛合金成分所做出的研究，拟定 Al 含量为 5.5%，其余几种主合金元素含量的变化范围由第一性原理计算确定，剩余四种元素将在所选范围内按照正交试验设计准则进行组合。

3）研究主合金元素变化与合金组织的关系。Ti-Al-Zr-Sn-Mo-Nb 系合金的组织的研究，将正交试验设计好的合金成分熔炼出铸锭后制样，通过 SEM、XRD 等实验，依据各组分合金中各元素含量的变化导致的组织的改变，来研究各主合金元素含量对合金铸态组织的影响。

4）研究主合金元素变化与合金性能的关系。Ti-Al-Zr-Sn-Mo-Nb 系合金的力学性能与电化学腐蚀行为研究，对这 16 组合金进行正交试验来研究各主合金元素含量对合金室温压缩性能、断裂韧性及电化学腐蚀性能的影响规律。

5）Ti-Al-Zr-Sn-Mo-Nb 系合金成分优化及验证。本章将对多指标正交实验中的数据进行计算处理以获得理论上的综合最优化的组分，并将对优化组分合金的室温断裂韧性、室温压缩性能及电化学腐蚀性能进行测试，以验证优化计算的可靠性。

研究结果如下：

1）正交设计的 16 组分合金均为近 α 钛合金，相组成为 α 相+少量 β 相，合金组织均为大小取向不同的层片状 α 交错形成的网篮状组织。添加的合金元素对钛合金组织有不同的影响，Mo 和 Nb 的添加会促进 β 相的生成使组织得到细化，适当的合金化程度的提高也会使组织得到细化。

2）Ti-Al-Zr-Sn-Mo-Nb 系合金室温屈服强度较高，合金中 Al、Zr、Mo、Nb 的添加均能起到固溶强化的作用，随着屈服强度的提高塑性会有所下降，Mo 的添加不光可以使合金组织得到细化，还能促进 β 相的生成，使得界面相增加，可以在固溶强化的情况下改善塑性，Sn 含量的增加会使合金强度提高，且一定含量内对塑性无影响。合金的断裂韧性值整体较高，Mo、Nb 元素的添加有利于断裂韧性值的提高，合金具有的层片状组织也有利于断裂韧性值的提升，合金综合力学性能较好。

3）Ti-Al-Zr-Sn-Mo-Nb 系合金在 3.5%（质量分数）NaCl 溶液中有很好的耐腐蚀性能，Zr、Mo 和 Nb 能使钛合金的钝化能力提升，添加的 Al 会形成比 TiO_2 更稳定的 Al_2O_3，对钛合金表面起保护作用。Mo 质量分数不超过 1% 将大大提升钛合金的腐蚀性能，Mo 和

Nb 元素含量较高时，β 相含量会增多会导致 α 相发生选择性溶解，导致合金耐腐蚀性能下降，钛合金中 Sn 会在氯化钠的腐蚀溶液中与 Cl 离子结合形成不溶性氯氧化物，对合金的耐蚀性能不利。

4）优化合金 Y 为近 α 钛合金，组织为片层间距均匀细小的网篮状组织，且合金中各元素分布均匀。其力学性能优于设计的 16 组分合金，优化合金处于腐蚀溶液中能够形成稳定的氧化膜，在 3.5%（质量分数）NaCl 腐蚀溶液中表现优异，具有较好的综合性能，优化效果明显。

（7）舰船用 TA23 钛合金板材工艺研究，研究内容和研究结果如下。

主要研究内容包括：

1）设计不同合金元素含量的化学成分，利用经典钛合金强度计算公式，计算出设计理论强度，确定不同合金元素对 TA23 钛合金强度的影响，对 TA23 钛合金化学成分进行优化设计，再对优化设计化学成分进行实验验证，确定 TA23 钛合金最优的合金元素配比。

2）通过研究板材轧制工艺对 TA23 钛合金组织和性能的影响，确定 TA23 钛合金板材的轧制工艺。

3）通过研究板材热处理工艺对 TA23 钛合金组织和性能的影响，确定 TA23 钛合金板材的热处理工艺。

4）通过研究合金元素，轧制工艺参数、热处理工艺参数对 TA23 钛合金组织和性能的影响，确定 TA23 钛合金板材的生产工艺控制参数。

研究结果如下：

1）经研究，舰船用 TA23 钛合金板材的最优生产工艺为：在相转变温度以下 40℃ 一火开坯，相转变温度以下 100℃ 两火轧制，经 710~740℃/h 热处理后的板材可获得均匀的 α+β 两相区加工组织和最优的综合性能（Rm：756MPa，A：23.5%，Z：45%，$KV2$：83J，弯曲角可达 180°）。

2）TA23 钛合金随着合金元素质量百分数的增加会显著提高强度，但对塑性影响较小。TA23 钛合金化学成分中主要元素的最优成分配比为 Al 2.8%、Zr 2.1%、Fe 1.1%、O 0.13%。

3）TA23 钛合金随终轧温度的升高、强度逐渐升高、冲击韧性逐渐降低。在相转变温度以下 40℃ 一火开坯，相转变温度以下 100℃两火轧制 TA23 钛合金板材，可获得 α+β 两相区均匀组织和强塑性的最佳匹配。

4）TA23 钛合金板材在 620~650℃/h 热处理后呈长条纤维状组织，在 680~770℃/h 热处理后长条 α 组织逐渐减少，开始形成等轴的 α 相组织，在 800℃/h 热处理后长条 α 组织完全消失，等轴 α 相开始长大，在 830℃/h 热处理后等轴 α 相开始明显地长大粗化，晶粒尺寸为 10.3~13.5μm。

（8）新型 TiZrAlB 合金的强韧化及腐蚀行为研究，研究内容和研究结果如下。

主要研究内容：以 TA5 合金为基体，在基体中 Al、B 元素比例不变的基础上，利用 Zr 元素部分替代基体中相同质量比的 Ti 元素进行合金化，再运用多种变形加工与热处理手段，通过研究揭示了其合金成分、制备工艺、相组成、显微组织与力学性能及耐蚀性能之间的关系，最终获得了兼具优异力学性能和优异耐蚀性能的 TiZrAlB 合金体系。

研究结果如下：

1）铸态及轧制态 TiZrAlB 合金均由 HCP 结构的 α/α′相组成，未出现 BCC 结构的 β 相。利用建立的理论计算模型，计算了 BCC 结构下不同成分合金的结合能，结果显示 Zr 元素的添加降低了合金的 β 相转变温度，但对 β 相的稳定能力较弱，使合金保持为单一 HCP 相，计算结果与实验结果保持一致。

2）随 Zr 含量的增加，铸态及轧制态 TiZrAlB 合金的组织明显细化，其强度、硬度提升明显，而断后延伸率逐渐降低。相比基体合金，强度提升显著。在 930℃轧制淬火后的 T40ZAB 合金展现出本文中最高的屈服强度（1388MPa）、极限抗拉强度（1535MPa）与显微硬度（442HV），同时还保有 6.06%的断后延伸率，比基体合金的屈服强度和抗拉强度分别提升了 71%和 70%。与相同成分的铸态合金相比，轧制态合金在塑性几乎不变的情况下，强度得到大幅提升，其中 T30ZAB 合金的屈服强度增加了 403MPa，提升了 45%。

3）基于工业化生产手段制备的热轧态 T40ZAB 合金随温度轧制的上升，其显微组织逐渐细化，合金强度得到提升。在 α+β 双相区轧制的合金由 α+α′ 相组成，硬质的 α′ 相与较软的初生 α 相交错分布，使得合金在拉伸变形过程中显示出显著的加工硬化现象。当轧制温度为 840℃ 时，次生的超细 α′ 马氏体平均厚度小于 100nm，原始 β 相晶界密度较高，合金显示出最高强度。而当轧制温度为 880℃ 时，原始 β 相晶粒得到进一步生长，原始 β 相晶界的密度下降，使得其强度稍有下降。热轧后空冷提高了合金的断后延伸率，炉冷后的合金显微组织过度粗大，使合金的力学性能全面劣化。

4）T40ZAB 合金在 840℃ 热模拟实验中，随应变速率的降低，其加工软化现象逐渐弱化。当合金以 $1×10^{-3}s^{-1}$ 和 $5×10^{-4}s^{-1}$ 的应变速率下热压缩后，在合金 Zr、Al 元素富集区保留下少量的亚稳 β 相，相含量随应变速率的下降而增加。同时，T40ZAB 合金试样经冷轧变形后，随最终变形量的增加，α 相板条的生长方向逐渐平行于轧制方向，组织中位错密度增加，进一步使合金显微硬度增加。

（9）EB 炉熔炼大规格钛扁锭凝固过程的数值模拟，研究内容和研究结果如下。

主要研究内容：基于 MiLE 算法对大规格钛扁锭凝固过程进行非稳态模拟，研究了大规格钛锭的横截面尺寸、浇注温度和拉锭速度对其固、液界面形貌、液相区深度以及过渡区长度变化的影响。

研究结果：当钛锭宽度为 200mm 时，钛锭长度从 200mm 增加到 1200mm 时，熔池深度先增大而后维持在 77mm，同时固相率随着钛锭长度的增大而逐渐降低；当钛锭的横断面面积不变时，固液界面深度随着钛锭宽度的增加而减小，固相率随着钛锭宽度的增大而逐渐增大。结晶器散热的有效距离是区分钛锭长度影响其固液界面形貌的临界值。此外，随着浇注温度和拉锭速度的提高，钛扁锭非稳态过渡区长度呈线性增加，并且相对于浇注温度，拉锭速度对非稳态过渡区长度的影响更为显著。

（10）工艺条件对大规格 TC4 扁锭连铸过程固液界面的影响，研究内容和研究结果如下。

主要研究内容：利用有限元方法对电子束冷床熔炼大规格 TC4 扁锭连续凝固过程温度场进行计算分析，研究不同铸造工艺条件下熔池形貌特征及固液界面曲率的变化，并且定量地给出固相线和液相线位置及糊状区深度的变化规律。

研究结果：随着浇注温度的升高，TC4 扁锭的液相线和固相线深度加深、宽度变宽，而固相线与液相线之间的糊状区变窄；随着拉锭速度的加快，熔池加深变宽，糊状区逐渐变宽，温度梯度变小，固相率逐渐减少；但拉锭速度对固液界面形貌的影响相对于浇注温度的影响更为显著，在本计算模拟条件下，拉锭速度应控制在 3.5×10^{-4} m/s 以下。

5.2　钛合金厚板焊接技术

本节检索 6 篇文章进行分析，具体如下。

（1）超厚板 TC4 钛合金电子束焊接接头应力腐蚀敏感性，研究内容和研究结果如下。

主要研究内容：针对 100mm 超厚板 TC4 钛合金电子束焊接接头，采用慢应变速率拉伸方法评价接头在人造海水中的应力腐蚀敏感性，分析接头的显微组织和断口形貌，对接头的腐蚀机制进行研究。

研究结果：室温条件下应变速率为 $\varepsilon = 1 \times 10^{-6}\text{s}^{-1}$ 时，母材在海水中未表现出应力腐蚀敏感性；焊缝上部、中部和下部具有轻微应力腐蚀敏感性。焊缝在海水中发生阳极溶解，产生氢吸附，导致裂纹的萌生。同时氢扩散诱导 α' 相界及 α' 相内发生位错塞积，进而使裂纹在更低的应力水平下发生扩展。

（2）厚板 TC4 钛合金磁控窄间隙 TIG 焊接工艺，研究内容和研究结果如下。

主要研究内容：采用磁控窄间隙 TIG 焊接方法焊接 30mm 和 100mm 厚 TC4 钛合金。在不同磁感应强度下进行焊接，焊后分析接头微观组织，研究磁场对焊缝组织的影响。研究接头典型缺陷，分析电弧摆动和电极位置对焊缝成型的影响，测试接头的力学性能。

研究结果：外加磁场有细化晶粒的作用，焊缝中针状马氏体的尺寸显著下降；外加磁场可以有效避免侧壁熔合不良的问题，获得侧壁熔合良好的接头；为了获得均匀的侧壁熔深，需要严格控制电极处于间隙中心位置上；焊接接头力学性能良好，接头强度不低于母材强度的96%。

（3）TC4 钛合金中厚板激光焊接接头显微组织与力学性能，研究内容和研究结果如下。

主要研究内容：采用高功率碟片激光器制备了 8mm TC4 钛合金中厚板对接接头，研究激光焊接接头的组织特征和力学性能，以期为中厚板 TC4 钛合金的激光焊接应用提供实验数据和理论基础。

研究结果：焊缝组织为晶界明显的粗大原始 β 柱状晶，晶内为针状马氏体，随着激光功率的增加，马氏体分布更加密集；近焊缝侧的热影响区组织为残余 α 相和针状马氏体，近母材侧的热影响区只发生 α 相向 β 相转变。焊接接头的显微硬度从母材到焊缝呈增加趋势，至焊缝处达到最高，不同功率下的焊缝显微硬度相当；8mm TC4 钛合金在速度为 2.7m/min，7.3~7.9kW 的高功率工艺参数下可获得质量良好的焊缝，焊接接头的抗拉强度、延伸率与母材相当，断裂在母材；在速度为 2.7m/min，低功率 7.0kW 工艺参数下，焊缝有气孔倾向，焊接接头的延伸率只有母材的 24%，断裂在焊缝。断裂在母材和焊缝的断口都呈韧窝形貌，断裂在焊缝的断口韧窝数目更少。

（4）TA1 中厚板电子束焊接头组织及力学性能，研究内容和研究结果如下。

主要研究内容：针对 30mm 厚 TA1 中厚板开展电子束焊接试验。通过光学显微镜、维氏硬度仪、拉伸试验机等检测手段，分析焊接过程对 TA1 微观组织及力学性能的影响。

研究结果：采用电子束焊在适当规范下可获得优质接头。接头不同区域组织差异显著，母材为等轴 α；焊缝由柱状 α、锯齿 α 和少量针状 α 组成；热影响区为锯齿 α。随熔深增加，焊缝中柱状 α 与锯齿 α 晶粒尺寸递减，柱状 α 晶界逐渐变模糊。拉伸试验中，焊接试样出现颈缩并断于母材。对于取自不同位置的母材及焊接试样，拉伸性能差异不大，但焊接试样强度略高于母材。不同熔深处接头横向硬度分布趋势大致相同,焊缝中心区最高,热影响区其次,母材最低。与母材相比,接头的一系列性能表现与电子束焊接过程中较快的冷速、TA1材料传热特性以及锯齿α与针状α的强化作用有关。

(5)钛合金TC4中厚板窄间隙TIG焊接工艺技术研究,研究内容和研究结果如下。

主要研究内容包括:

1)钛合金窄间隙TIG焊接工艺对焊缝成型的影响。分析不同工艺参数下(焊接电流、焊接速度、摇动速度、摇动角度)焊接电弧形态及熔池形成过程,分析焊接工艺参数与焊缝成型尺寸之间的关系,通过优化试验设计的方法,建立工艺参数与焊缝成型之间的关系,并得到最优的工艺参数区间,最终获得未见宏观缺陷、焊缝成型良好的窄间隙接头,为后续的接头组织及性能试验奠定工艺基础。

2)工艺参数对焊接接头组织影响。通过光学显微镜、电子扫描电镜等方法,对钛合金厚板窄间隙焊接接头的组织进行分析,得到摇动电弧窄间隙TIG焊的接头组织特征,研究焊接热输入、摇动参数等工艺参数对接头组织的影响规律。

3)30mm厚TC4钛合金窄间隙接头组织性能分析。分析在优化后工艺参数下获得的焊接接头的力学性能,具体为拉伸、冲击、硬度性能,建立组织与力学性能的联系。对拉伸试样断口位置进行SEM扫描,并分析断裂方式。

研究结果如下:

1)在I型坡口,坡口间隙为10mm下的最佳焊接工艺参数为:焊接电流210~250A,焊接电压11V,焊接速度85~120mm/min,摇动速度35~55r/min。

2)随着焊接电流的增大,产生的电弧热量增大,同时电弧冲击力增加,焊缝熔深和熔宽均呈现增加的趋势,且对坡口中心的热输入增大,导致窄间隙坡口中较多填充熔融金属流动到两侧壁处,使焊缝下凹量增加,侧壁熔合较好。随着电压的增加,焊缝熔宽增加,熔深减小,有助于熔池金属在坡口内铺展。

3）随着焊接速度的增加，焊缝熔深和熔宽减小，电弧热量分散减少，焊缝表面不均匀程度恶化；当焊接速度为 160mm/min，焊缝侧壁出现严重未熔合现象，在坡口中形成一道较窄的鱼鳞纹焊缝。增加电弧的摇动角度，可减小钨极电弧与侧壁间距，增加侧壁的热输入量，使熔融金属在两侧壁处得到良好铺展。随着钨极电弧摇动速度的增加，单位长度上的电弧输入热量减少，使焊缝熔深减少。

4）采用优化后的焊接工艺参数对 30mm 厚 TC4 合金板材进行窄间隙 TIG 单道多层对接焊接，获得了侧壁熔合良好，无明显裂纹、气孔等焊接缺陷且鱼鳞纹紧密排列的焊接接头。接头焊缝区显微组织主要为相互交错分布的针状 α' 马氏体，呈现出网篮状形态；热影响区宽度为 $1\sim2mm$，合理的电弧摇动角度使接头减少了薄弱区的产生；窄间隙 TIG 多层焊接接头中形成了清晰的层间熔合线，层间熔合线处分布着大量网篮状马氏体 α 组织，显著地提高了焊接接头的力学性能。

5）焊缝区及热影响区显微硬度值均高于母材区硬度，其中接头中部峰值硬度出现在焊缝区，而接头底部和上部的峰值硬度出现在热影响区处，这是由于受到焊接热循环影响形成的组织差异性引起的硬度峰值位置出现了不同。焊接接头的拉伸强度平均值为 973MPa，可高达母材强度的 95% 左右；冲击韧性沿焊缝厚度方向没有明显差异，拉伸断口存在等轴状韧窝，其断裂方式为韧性断裂。

（6）厚板钛及钛合金电子束焊接头组织与性能的研究，研究内容和研究结果如下。

主要研究内容包括：

1）对厚度 30mm TA1 进行电子束焊接，研究焊接接头横截面形貌及接头焊缝界面不同深度处各区域的微观组织；测试焊接接头焊缝横截面不同深度处的显微硬度、拉伸性能、冲击性能，比较接头焊缝界面不同深度处组织与力学性能的差异，阐述组织不均匀性对力学性能的影响。

2）对厚度 100mm TC4 钛合金接件进行电子束焊接，研究电子束焊接头横截面形貌及接头焊缝界面不同深度处各区域的微观组织；测量接头焊缝界面不同深度处的显微硬度、拉伸性能、冲击性能，比较焊缝界面不同深度处组织与力学性能的差异，阐述组织不均匀性对力学性能的影响。

3) 对厚度 30mm TA4、100mm TC4 铁合金大厚度件电子束焊接接头进行不同的热处理试验，研究热处理工艺对接头焊缝界面不同深度处微观组织和力学性能的影响，对比不同热处理工艺对接头的组织与性能的影响。

4) 观察厚度 30mm TA1、100mm TC4 电子束焊接接头热处理前后的断口形貌，结合显微组织分析，研究不同热处理工艺对接头的断裂机制影响。

研究结果如下：

1) 厚度 30mm TA1 在加速电压为 150kV，焊接束流为 90mA，聚焦电流为 2250mA，焊接速度为 15mm/s 的电子束焊接工艺参数下，接头组织由母材区的等轴 α 到焊缝区的粗大 α 柱状晶+银齿状 α+针状 α′组织过渡。接头横截面不同深度处均呈现 $M_{焊缝}>M_{热影响区}>M_{母材}$（M 代表显微硬度）的变化趋势，焊缝中心显微硬度最高为 142HV。接头横截面不同深度处接头的抗拉强度、屈服强度均高于母材，最高增幅为 5.2%，伸长率低于母材，降低幅度在 10.7%~19.3%；上部和底部接头晶粒细长，中部晶粒粗大接近等轴状，接头上部和底部的拉伸性能优于中部；母材冲击吸收功高于 TA1 接头焊缝区。

2) 厚度 100mm TC4 在加速电压为 150kV，焊接束流为 270mA，聚焦电流为 2380mA，焊接速度为 3mm/s 的电子焊接工艺参数下，接头由母材区的等轴（α+β）相连续过渡到焊缝区的针状 α′马氏体；上部和底部的 β 柱状晶晶粒尺寸相比于中部 β 柱状晶更加细长。接头横截面不同深度处 $M_{焊缝}>M_{热影响区}>M_{母材}$，接头强度均高于母材，与母材伸长率相比，接头的伸长率最大降低幅度为 30.2%；焊缝的冲击功低于母材的冲击功。

3) 厚度 30mm TA1 接头经过 750℃×2h FC 处理后接头各区域组织发生再结晶，焊缝区域 α′马氏体数量增多；850℃×2h FC 处理后接头各区域均生成针状组织，焊缝马氏体 α′发生碎化生成大量无序、短小针状组织。650℃×2h FC 处理后焊缝针状马氏体分解，焊缝平均硬度低于热处理前接头焊缝 30HV，850℃×2h FC 处理后各区域生成大量针状 α′马氏体，各区域硬度升高，热影响区存在软化现象。拉伸强度关系为：850℃×2h FC>750℃×2h FC ≈ 热处理前>650℃×2h FC；伸长率关系为：750℃×2h FC>650℃×2h FC>热处理前>850℃×2h FC；室温冲击功大小为：750℃×2h FC>650℃×2h FC>热处理前>850℃×2h FC。经过热处理后 TA1 接头相比于热处理前在不同层深的组织性能更加均匀化。

4）厚度 100mm TC4 接头经过 600℃×2h FC 热处理后母材组织发生"球化"，热影响区近焊缝侧 β 晶粒内分布着更加密集的平行排列针状 α′集束，焊缝 α 相得到粗化，形成束集 α 相；850℃×2h FC热处理后母材组织发生再结晶，深色 β 相减少，α 相球化程度进一步加深，热影响区针状 α′马氏体含量增多；（920℃×2h WC）+（500℃×4h AC）热处理后母材初生 α 相所占的体积分数减少，热影响区原始 β 的晶粒内部针状 α′马氏体含量增多，焊缝组织为针状 α′马氏体+原始 β 晶界。（920℃×2h WC）+（500℃×4h AC）热处理后，相比于焊件，接头最大平均抗拉强度增大 141MPa，伸长率最多降低了 56.5%，焊缝区硬度增大了 60HV，母材区的平均硬度增加了 40HV。拉伸强度关系为：（920℃×2h WC）+（500℃×4h AC）>850℃×2h FC>热处理前>600℃×2h FC；伸长率的关系为：600℃×2h FC>热处理前>850℃×2h FC>（920℃×2h WC）+（500℃×4h AC）；室温冲击功大小为：600℃×2h FC>热处理前>850℃×2h FC>（920℃×2h WC）+（500℃×4h AC），不同热处理后 100mm TC4 电子束焊接接头各层性能更加均匀。

5）TA1 电子束焊接接头经过 650℃×2h FC、750℃×2h FC 热处理后的接头拉伸、冲击断口机制均为韧窝断裂，塑韧性较好；850℃×2h FC 热处理后接头拉伸断裂机制为韧窝和准解离的混合型断裂，冲击断裂机制为准解离断裂。TC4 电子束挥接接头经过 600℃×2h FC、850℃×2h FC 热处理后接头拉伸断裂机制均为韧窝断裂，（920℃×2h WC）+（500℃×4h AC）热处理态下接头拉伸试样断裂机制为解离断裂；TC4 焊件焊缝冲击断裂机制为准解离断裂，600℃×2h FC 和 850℃×2h FC 热处理后焊缝冲击断裂机制为韧窝断裂；

（920℃×2h WC）+（500℃×4h AC）热处理时冲击断裂机制为解离和韧窝的混合型断裂，解离断裂为主。

5.3　钛合金厚板成型技术

本节检索两篇文章进行分析，具体如下。

（1）EB 炉熔铸 TC4 钛合金扁坯交叉热轧与热处理的组织和性能研究，研究内容和研究结果如下。

主要研究内容包括：

1）EB 炉熔铸 TC4 钛合金扁坯交叉热轧工艺研究。将 EB 炉熔铸的 TC4 钛合金扁坯进行交叉热轧实验，而后对其组织性能进行观察分析，并利用 EBSD 技术对热轧板材进行定性和定量化分析表征，研究交叉热轧工艺对 TC4 钛合金显微组织、力学性能及断口形貌等的影响规律，得出最佳的热轧工艺参数。

2）热轧 TC4 钛合金板材的热处理工艺研究。将具有较优综合性能的热轧 TC4 钛合金板材分别进行退火和固溶+时效热处理，而后对其组织性能进行观察分析，并利用 EBSD 技术对具有最优性能的退火和固溶+时效热轧板材进行定性和定量化分析表征，研究退火温度、固溶温度和时效时间对热轧 TC4 钛合金板材显微组织、力学性能及断口形貌等的影响规律，得出最佳的热处理工艺参数。

研究结果如下：

1）TC4 钛合金扁锭显微组织为魏氏组织，随着交叉次数的增加，晶界充分破碎，片状 α 相发生扭折、变形和破碎且纵横交错分布越明显，各向异性改善、强度提高。交叉二次热轧的板材综合性能最优，在 RD、TD 方向的抗拉强度、屈服强度及伸长率分别为 912.7MPa 和 941.5MPa、792.1MPa 和 884.3MPa 及 11.2% 和 9.4%。相较铸态在 RD、TD 方向抗拉强度、屈服强度分别提高 27.42% 和 33.39%、21.96% 和 35.84%，伸长率在 RD、TD 方向提高了 111.32% 和 56.67%。其断裂转变方式为铸态的脆性断裂→单向热轧 RD 方向的韧性断裂、TD 方向的韧性+准解理混合型断裂→交叉一次热轧板材方向的韧性+脆混合型断裂、TD 方向的韧性+准解理混合型断裂→交叉两次热轧板材的韧性断裂。

2) TC4 钛合金热轧板材随着退火温度的升高（670~820℃），片状 α 相变得宽大，再结晶程度增大，导致等轴初生 α 相增多，β 转变组织长大、增多。其强度呈下降趋势，塑性越来越好且各向异性有所改善。720℃ 退火时，具有最佳的综合力学性能，在 RD、TD 两个方向抗拉强度、屈服强度及伸长率分别为 903.3MPa 和 904.1MPa、771.5MPa 和 858.7MPa 及 12.5% 和 12.3%。随着退火温度的升高，塑性越来越好，其断裂方式均为韧性断裂。

3) TC4 钛合金热轧板材 930℃ 固溶板材时效后的组织为典型的双态组织。当固溶温度超过相变点，960℃ 和 990℃ 固溶板材时效后的组织为魏氏组织，且片状 α 相发生了明显的粗化现象。随着固溶温度的升高（930~960℃），其固溶+时效板材强度、塑性逐渐降低。当固溶温度在两相区 930℃ 固溶时，其拉伸试样断裂方式为韧性断裂；当固溶温度超过相变点后，960℃ 和 990℃ 固溶时的时效板材的拉伸试样断裂方式变成韧性和准解理混合型断裂。因此，最佳固溶温度为 930℃。当 TC4 钛合金热轧板材在 930℃ 固溶、560℃ 时效时，随着时效时间的延长（2~4h），等轴初生 α 相逐渐长大，但其体积分数都约为 31%，β 基体上析出许多的次生 α 相合并长大。其板材的强度降低，塑性略有提高。当板材时效 2h 综合性能最优，相较未处理板材的性能，时效 2h 板材在 RD、TD 方向抗拉强度、屈服强度分别提高了 17.63% 和 14.43%、20.57% 和 12.07%，伸长率在 RD 方向降低了 7.14%，TD 方向升高了 11.70%。随着时效时间的延长，其拉伸试样断裂方式均为韧性断裂。

4) 无论是随着退火温度升高，还是固溶温度升高或者时效时间的延长，TC4 钛合金热轧板材的洛氏硬度值都呈现逐渐降低的趋势且与其强度成正比，与其伸长率成反比。退火和固溶+时效热处理后的板材物相主要是 α/α′-Ti 和 β-Ti，各物相的衍射峰较未热处理板材明显增高，表明其晶粒有所长大。不同热处理制度对其板材组织性能影响较大，不同工况应用不同性能的 TC4 钛合金，合理选择热处理制度是必要的。若所需强度较高、塑性好且成本低的 TC4 钛合金，其加工成板材后建议采用热处理制度为：720℃/h，AC；若所需强度高、塑性较好且成本低的 TC4 钛合金，建议采用热处理制度为：930℃/15min，WQ+560℃/2h，FC。

5）TC4 钛合金热轧板材均存在残余应力，交叉二次热轧板材的残余应力最少。随着交叉次数的增加，热轧板材的亚结构含量先升高再降低，形变基体组织先降低再升高，再结晶晶核逐渐降低。而且，残余应力对再结晶晶核的形成具有促进作用。经退火和固溶+时效处理后，残余应力被消除，再结晶晶核和亚结构明显增多，形变基体组织明显减少。此外，随着交叉次数的增加，TC4 钛合金热轧板材的小角度晶界占比越来越大，大角度晶界占比越来越小。经退火和固溶+时效后，板材的大角度占比增多，小角度占比降低。

6）TC4 钛合金热轧板材在 {0001} 基面均存在较强的织构。随着交叉次数的增加，其 {0001} 基面织构强度呈现先降低后增高的趋势，晶粒的 C 轴与 ND 方向的夹角先增大后减小，而且交叉一次热轧板材在 {1120} 柱面极图中有较弱的组织存在。不同热轧方式板材的导致其晶粒取向在 RD、TD 和 ND 的方向各不相同。经退火和固溶+时效后，在 {0001} 极图中存在的基面织构强度降低，各向异性得到了很大的改善。

（2）冷轧高强 β 钛合金组织演变及强化机理研究，研究内容和研究结果如下。

主要研究内容：以 Ti-3.5Al-5Mo-6V-3Cr-2Sn-0.5Fe 合金为研究对象，探索冷轧合金中间退火制度对组织形态、织构和力学性能的影响；探索不同热处理工艺对冷轧合金冷轧板材组织形态、织构和力学性能的影响；探索换向冷轧工艺对合金板材组织形态和力学性能的影响。

研究结果如下：

1）在冷轧过程中合金的变形机制主要为滑移，不同的中间退火制度不影响变形机制，不发生孪生现象，也没有应力诱发相变现象。合金在冷轧过程中形成了明显的织构，晶体取向在 α 取向线和 γ 取向线上聚集。780℃ 中间退火的合金织构类型主要包括 α-fiber：{001}<010>和 {112}<110>，γ-fiber：{111}<110>、{111}<123>和

{111}<112>。830℃中间退火的合金织构类型主要为 γ-fiber：<111>{112} 和<111>{123}，以及强织构<001>{010}。

2）冷轧板材的主要强化机制是加工硬化，轧程中间退火制度对加工硬化影响显著。轧程中间退火温度相同时，退火次数越少，板材的加工硬化现象越明显，导致合金强度上升塑性下降；反之，退火次数越少，合金强度下降塑性上升。轧程中间退火次数相同时，退火温度越低，板材的加工硬化现象越明显，导致合金强度上升塑性下降；反之退火温度越高，合金强度下降塑性上升。

3）冷轧合金板材经过 750℃ 固溶处理 2min 后晶粒尺寸显著细化，再结晶基本完成，织构强度大幅度减弱，组织趋近于随机取向。相同的轧程中间退火温度，中间退火次数越少晶粒尺寸小；相同的轧程中间退火次数，β 单相区中间退火晶粒尺寸比 α+β 相区晶粒尺寸大。冷轧板材经过固溶处理后合金主要强化机制为细晶强化，晶粒尺寸越小，合金板材强度和塑性越高。α+β 相区中间退火 2 次合金的晶粒尺寸最小，强度和延伸率最高；β 单相区中间退火 4 次合金的晶粒尺寸最大，强度和延伸率最低。

4）冷轧合金板材经过 750℃ 固溶处理 2min 加 550℃ 时效处理 4h、8h 和 16h 后，形成了大量的次生 α 相，随着时效时间的增长，次生 α 相的尺寸明显增大。α+β 相区中间退火的合金形成了等轴的初生 α 相，β 单相区中间退火的合金则没有形成初生 α 相。冷轧板材经过时效处理后合金的主要的强化机制是弥散强化，合金的强度相比固溶态显著上升，同时保留了良好的塑性。时效时间由 4h 升至 8h 时，合金强度下降，延伸率上升，时效时间升至 16h 时，强度和延伸率微弱下降。α+β 相区中间退火 2 次合金，在固溶条件下和时效条件下均能得到最高的强度和延伸率，是最优的轧制工艺。

5）两步换向轧制工艺微观组织为变形的 β 晶粒，形成了明显的变形织构，并且织构类型与严格单向轧制相同，组分均为 α-fiber：{112}<110>和 {111}<110>，以及 γ-fiber：{111}<123>和 {111}<112>。经过 750℃ 固溶处理 2min 后，合金的织构钝化且强度显著减弱。严格单向轧制工艺和两步换向轧制工艺的板材，经过

750℃固溶处理 2min 后发生再结晶现象，织构强度显著减弱，并且 β 晶粒显著细化。在相同的固溶处理时间内，两步换向轧制试样再结晶基本完成且晶粒更加均匀，严格单向轧制试样再结晶程度相对较低。

6）严格单向轧制轧态力学性能的各向异性非常显著，不同拉伸方向强度和延伸区别较大，两步换向轧制轧态基本没有力学性能的各向异性，各个方向的强度和延伸率相近。合金板材经过 750℃固溶处理 2min 加 550℃时效处理 4h 后，在 β 基体上析出了大量次生 α 相，合金的强度和塑性大幅度上升，并且显著降低了严格单向轧制力学性能的各向异性。

5.4 钛合金厚板检测技术

本节检索两篇文章进行分析，具体如下。

（1）钛合金厚板焊接接头残余应力测试，研究内容和研究结果如下。

主要研究内容：采用局部逐层对称剥削材料盲孔法对 51mm 厚钛合金 Ti80 板焊接接头残余应力进行了测试，并系统研究了其三维残余应力分布特征。

研究结果：局部逐层剥削材料盲孔法能有效测量大厚度焊接件焊接接头的内部残余应力，并能准确反映大梯度变化应力状态。钛合金焊接接头，沿垂直焊缝方向在距焊缝中心-10~10mm 范围内，具有较高拉应力，应力值集中在 500MPa 左右，且拉应力峰值出现在上表面距离焊缝中心 10mm 位置；沿厚度方向距焊缝中心-10~10mm 范围内，为拉应力，表层应力普遍大于内部应力。在远离焊缝位置沿厚度方向为压应力，应力值为 200~680MPa，且峰值出现在距离上表面 5mm 和焊缝中心 20mm 位置处。

（2）钛合金板材弱磁自动检测系统研究，研究内容和研究结果如下。

主要研究内容包括：

1）研究钛合金的弱磁检测机理，主要从磁特性分析、现有的弱磁理论和仿真分析，得出弱磁检测基本原理和弱磁检测钛合金的能力。

2）对钛合金板材做弱磁检测试验，分析得出试验结果，并与部分仿真分析结果做对比析，验证该方法的可行性和正确性。

3）研制钛合金弱磁自动化检测设备。该部分包括传感器选择及封装设计、传动系统元器件的选择和设计，检测平台的搭建和系统软件设计等。

4）研究弱磁检测钛合金的去噪方法、缺陷识别技术、数据处理和二维实时成像。

研究结果如下：

1）通过对被检测钛合金材料进行磁化特性分析，得到钛合金的磁化曲线和磁化率，得到了钛合金的相对磁导率。应用仿真分析和试验相结合的方式得相同长和深的不同宽度缺陷尺寸，随着宽度的增加，弱磁检测能力随之增加，但宽度达到 0.75mm 时弱磁检测能力不会显著变化。对于相同尺寸的不同检测提离高度，随着提离高度的增加弱磁检测能力急剧下降。对缺陷倾斜角进行模拟仿真分析发现随着倾斜角的增加，弱磁检测能力增强。钛合金弱磁检测能识别的相邻缺陷之间的间距为 0.2mm，在小于 0.2mm 的缺陷间距，判断缺陷个数时，可判断为一个缺陷。

2）通过对硬件部分中测磁传感器的选择和封装设计，采用阵列式磁法传感器和可垂直调节滑杆的方式，满足了板材厚度和大小的检测要求，应用步进电机对传感器的自动控制实现弱磁检测的快速自动检测。

3）通过小波降噪理论分析弱磁检测结果曲线，minimax 和小波分解层次在 3~5 次的去噪效果更好，并且对缺陷弱磁信号有更好的显示效果，保证曲线特征的平滑和高信噪比。在缺陷的二维成像中通过分析磁感应强度曲线上磁异常区域的位置和曲线特征设计一种适合于钛合金弱磁检测的降噪方法、缺陷提取方法、数据插值和成像算法，提高了缺陷成像的分辨率，便于检测人员识别。

6 结 论

与工业发达国家相比，我国船用钛合金研究和应用均存在一定的差距。目前，我国仅有不到3%的钛材应用于船舶领域，船舶用钛量占总量的比例还不足1%，而俄罗斯船舶用钛量已接近18%。随着我国蓝色海洋战略的提出，海洋工程装备将得到大力发展，被称作"海洋金属"的钛合金也将迎来快速发展期。

6.1 全球专利数据分析

全球钛合金制备及焊接技术虽然具有起步早、发展慢的特点，但其专利申请量总体上呈现上升趋势，该技术一直都是研发的热点。从全球专利布局来看，中国、日本、美国为主要市场国，其中，中国和日本以本国申请为主，在国外的布局较少，而美国在国外的布局比在本国的布局多，比较重视国外的市场。中国、日本、美国三个国家的研究侧重点都集中在钛基合金（C22C14/00）、用热处理法或用冷加工或热加工法改变有色金属或合金的物理结构形成的高熔点或难熔金属或以它们为基的合金（C22F1/18）和合金制造的熔炼法（C22C1/02）上。

中国申请人除了重视上述三个研发侧重点外，在使用保护气体的电弧焊接或切割上（B23K9/16）和电弧重熔的方法或设备（C22B9/20）技术点上布局的专利比其他国家多。

6.2 中国专利数据分析

我国专利的申请量是在2005年之后持续上升，尤其是2018年达到专利申请高峰，其中，陕西省是钛合金制备及焊接技术领域专利申请量最多的省份，研发重点集中在钛基合金（C22C14）和有色金属合金的制造（C22C1）上。

从专利技术分类分析，在钛合金材料制备技术方面，申请人专利布局的重点在制备工艺；在钛合金厚板焊接技术方面，申请人专利布局的重点在焊接设备；在钛合金厚板成型技术方面，申请人专利布局的重点在热成型；在钛合金厚板检测技术方面，申请人专利布局的重点在射线检验和超声波检验。

国内专利申请量排名第一的是哈尔滨工业大学，其研发重点在焊接设备和焊接方法；科研机构排名第一的为西北有色金属研究院，研发重点在钛合金材料制备工艺的整体工艺，其发明人赵永庆的专利申请量国内排名第一；725研究所研发重点在焊接方法。

6.3 重点分支技术的专利分析

6.3.1 钛合金材料制备工艺

在钛合金材料制备工艺领域，约有8%（38件）的专利发生过权利转移（33件）、许可（2件）、专利权质押（2件）和保全（1件），整体运营比例较低。国防解密专利为6件，其中5件均为西北有色金属研究院申请的专利。申请量排名前十的申请人中，西北有色金属研究院排名第一，其技术创新能力较强，是该领域主要技术追踪对象、技术借鉴和学习对象，也是最大的竞争对手。日本制铁株式会社排名第二，可见日本比较重视在中国市场的专利布局。分析前二十申请人的合作模式，部分企业进行了合作申请且基本覆盖所有合作模式（企业与企业、科研单位与企业、高校与企业、高校与高校、高校与科研单位之间的合作），725研究所申请的专利则都为独立申请，没有与其他机构的合作。

钛合金材料制备工艺的整体工艺，按技术主题聚类，重点集中在热处理、钛合金板材、耐腐蚀、钛合金材料、真空自耗和钛合金铸锭，其中西北有色金属研究院的专利申请量排名第一。熔炼铸锭工艺，按技术主题聚类，重点集中在真空自耗、真空非自耗、真空感应和冷床，其中云南钛业股份有限公司的专利申请量排名第1。725研究所只在整体工艺中有专利申请。

分析专利集中度，2006年之前，该领域的专利技术集中度都很高，企业的技术垄断性较高。2006 年之后，专利集中度有所下降，垄断程度有所下降，企业之间的竞争更加激烈。

6.3.2　钛合金设备

在钛合金设备领域，运营专利共 31 件，其中进行转让（权利转移）的有 28 件，进行专利许可的有 2 件，进行专利质押的有 1 件，整体专利运营率为 11.7%，专利运营程度较低。从专利申请情况来看，熔炼/铸锭设备的专利申请量最多，按技术主题聚类，重点集中在真空自耗电弧炉（VAR）、真空感应炉、冷床炉（EB）、电子束炉和等离子束炉，其中龙南新晶钛业有限公司专利申请量排名第一。轧制设备按技术主题聚类，重点集中在工作辊、加热炉、钛合金板坯轧制和加热装置，其中洛阳双瑞精铸钛业有限公司专利申请量排名第一。锻造设备按技术主题聚类，重点集中在锻造液压、等温锻造液压、固定板和可调节导向装置，其中天津市天锻压力机有限公司专利申请量排名第一。铸造设备按技术主题聚类，重点集中在金属熔体传导、电控系统、真空系统和铸造工艺。725 研究所仅在钛合金设备领域布局了 1 件关于熔炼铸锭设备的专利。

6.3.3　钛合金厚板焊接

在钛合金厚板焊接领域，运营的专利 23 件，其中专利权转移 17 件，专利许可 4 件，专利质押 2 件。

按技术主题聚类，该领域中焊接设备的申请重点集中在激光焊接、保护罩、进气管、气体保护装置和焊接接头，其中激光焊接和保护罩专利申请量较高。焊接方法的申请重点集中在钨极氩弧焊（TIG）、激光焊、电子束焊、熔化极惰性气体保护焊（MIG）和等离子弧焊（PAW），其中钨极氩弧焊（TIG）和激光焊专利申请量较高；焊接材料的申请重点为焊丝、低成本和药芯。

该领域中申请量排名第 1 的哈尔滨工业大学和排名第 4 的 725 研究所研发重点均在焊接方法的钨极氩弧焊技术上。另外，值得注意的是江麓机电集团有限公司为近 5 年内该领域实力较强的新进入企业。

6.3.4 钛合金厚板成型和检测

在钛合金厚板成型和检测领域中，按技术主题聚类，热成型的申请重点集中在轧制生产特殊规格、相变点、变形量和展宽换向轧制，其中轧制生产特殊规格的专利申请量最高；残余应力检测及消应技术的申请重点集中在退火、再结晶温度和焊接接头；无损检测技术的申请重点集中在射线检验和超声波检验。

钛合金厚板成型中申请量排名第1的为舞阳钢铁有限责任公司，钛合金厚板检测中申请量排名第1的为燕山大学。

6.4 技术创新性分析

对725研究所在钛合金制备及焊接技术方面申请的2篇专利，进行技术创新性分析，给出分析结果：

（1）一种船用钛合金厚板的振动热丝窄间隙焊接方法（CN109048004A），该专利创新性一般；

（2）一种钛合金弧段筒体焊接装配校形装置（CN111390411A），该专利具有创新性。

附　　录

附表 1　钛合金制备及焊接技术牌号/化学成分列表

序号	公开（公告）号	专利名称	牌号/化学成分
1	CN109504876A	一种高冲击韧性的 Ti80 中厚板及其制备方法与应用	Ti80
2	CN107916384B	一种利用自由锻锤提高 Ti80 钛合金组织均匀细化锻造方法	（Ti80）Ti-6Al-3Nb-2Zr-1Mo
3	CN110438368A	一种超大规格 Ti80 合金铸锭及其制备方法	Ti80
4	CN103909191B	一种舰船用 STi80 两相钛合金板坯的制备方法	STi80
5	CN102965541B	Ti80 钛合金标准物质及其制备方法	Ti80
6	CN110241419A	一种表面具有抗高温氧化和耐磨涂层的钛合金材料及应用	（TC4）Ti-6Al-4V
7	CN109930100A	一种损伤容限钛合金板材轧制及配套热处理工艺	TC4、TA15
8	CN109590330A	一种 TC4ELI 钛合金宽幅厚板的轧制方法	TC4ELI
9	CN108907049B	一种提高特 TC4 钛合金组织性能的锻造方法	TC4

序号	公开（公告）号	专利名称	牌号/化学成分
10	CN108239710A	一种提高 TC4 钛合金中 Al 元素均匀性的方法	TC4
11	CN108277370B	一种 TC4 钛合金大规格板坯及其制备方法与应用	TC4
12	CN107502784B	一种生产 TC4 钛合金圆锭/扁锭的方法	TC4
13	CN106425327B	一种大规格 TC4 钛合金环件的制备方法	TC4
14	CN105274391A	一种 TC4 钛合金及其性能优化工艺	（TC4）Fe≤0.40%，C≤0.60%，N≤0.1%，H≤0.1%，O≤0.6%，Al 5%~7%，V 2.5%~5%，其余为 Ti
15	CN108994077B	一种削弱 TC4 钛合金板材各向异性的轧制方法	TC4
16	CN108359828B	一种有序多孔 TC4 合金的制备方法	TC4
17	CN110508731A	一种改善 TC4 钛合金大尺寸锻件组织均匀性的锻造方法	TC4
18	CN210172514U	一种钛合金 TC4 中厚板专用大截面积铸锭	TC4
19	CN109136596A	电子束冷床炉熔炼 TC4 合金铸锭的加工方法	TC4
20	CN108359808B	采用高比例钛残料制备大规格 TC4 钛合金铸锭的方法	TC4

序号	公开（公告）号	专利名称	牌号/化学成分
21	CN108746205A	一种宽幅 TC4 钛合金坯料的开坯轧制方法	TC4
22	CN107641726A	一种 TC4 钛合金及其制备方法	（TC4）Al 5.45%~6.75%，V 3.45%~4.5%，O 0.08%~0.2%，Fe≤0.30%，C≤0.10%，N≤0.05%，H≤0.015%，余量为 Ti
23	CN107604281B	一种提高 TC4 钛合金板材低温超塑性的方法	TC4
24	CN107236895A	一种用于深海潜航设备的合金的生产工艺	（TC4）Ti 75%~80%，Fe≤0.30%，C≤0.10%，N≤0.05%，H≤0.015%，O≤0.20%，Al 5.5%~6.8%，V 3.5%~4.5%
25	CN107030111B	一种等厚度超细晶 TC4 钛合金板材的制备方法	TC4
26	CN105838899A	一种电子束冷床单次熔炼 TC4 钛合金铸锭头部补缩工艺	TC4
27	CN105112832B	一种超细结构高强度 Ti-6Al-4V 合金板材的制备方法	（TC4）Ti-6Al-4V
28	CN104032151B	一种 TC4 钛合金铸锭的 EB 冷床炉熔炼方法	TC4
29	CN103230936B	一种 TC4 钛合金宽幅中厚板材的轧制方法	TC4

序号	公开（公告）号	专利名称	牌号/化学成分
30	CN107586996A	一种自给料式 Ti-6Al-4V 块料回收方法及装置	（TC4）Ti-6Al-4V
31	CN106834697B	一种 TC4 钛合金残料的回收方法	（TC4）Ti-6Al-4V
32	CN104911380A	一种超细晶 Ti-6Al-4V 合金的制备方法	（TC4）Ti-6Al-4V
33	CN107900129B	一种改善 TA5-A 钛合金宽幅中厚板材板型的加工方法	TA5-A
34	CN105951016B	一种舰船用 TA5 钛合金中厚板材的短流程制备方法	TA5
35	CN109518108A	一种 TA5 钛合金板及其制备方法与应用	TA5
36	CN105057521B	一种 TA5-A 合金大尺寸环坯的制备方法	TA5-A
37	CN110951975A	用冷阴极电子束熔炼 TA2 扁锭的方法	TA2
38	CN109504877B	一种高冲击韧性和高塑性的 TA23 合金板材及制备与应用	TA23
39	CN101880795A	微量稀土合金化处理的 TA16 钛合金	（TA16）Ti-2Al-2.5Zr
40	CN107164642B	一种利用钛屑料制备 TA1 钛锭的方法	TA1
41	CN111085546A	一种超大宽幅合金板材的制备方法	TA15

序号	公开（公告）号	专利名称	牌号/化学成分
42	CN107868878A	一种本质耐磨钛合金及其制造方法	TC17
43	CN108950263B	一种高冲击韧性 TA24 合金板材的制备方法	TA24
44	CN108044007A	一种高均匀 Ti632211 钛合金板材的锻造方法	Ti632211
45	CN107502751B	一种用屑状和板状纯钛残料熔炼回收获得 TA2 扁锭的方法	TA2
46	CN106944492A	一种 TA17 钛合金板材的制备方法	TA17
47	CN103846377B	近 β 钛合金 Ti-7333 的开坯锻造方法	Ti-7333
48	CN110791683A	一种提高铸造钛合金力学性能的方法	Al 6.0% ~ 6.5%，V 3.5% ~ 4.5%，Fe 0.15%~0.25%，余量为 Ti
49	CN110951993A	一种 600℃ 用铸造钛合金材料及其制备方法	Ti-6.6Al-2.5Mo-2.0Zr-2.0Sn-1.2Nb-0.15Si-0.12O
50	CN109182840A	一种低成本中强钛合金材料及其制备方法	Ti-Al-Fe-O-Si，其质量分数为：Al 3.0%~5.5%，Fe 0.4%~2.0%，O 0.06% ~ 0.50%，Si 0.05% ~ 0.35%，余量为 Ti 和不可避免的杂质，其中杂质的质量分数为：C≤0.05%，N≤0.03%，H≤0.015%
51	CN107541614B	一种形变诱发 laves 相弥散强韧化钛合金及其制备方法	（相对原子质量）Ti 62.5% ~ 65%，Fe 25.5%~27.5%，Co 7.5%~12%

序号	公开（公告）号	专利名称	牌号/化学成分
52	CN107058800B	一种中强度耐蚀可焊止裂钛合金及其制备方法	α 稳定元素 Al 3.0% ~ 7.0%；β 稳定元素 Mo、V、Nb 和 Ni 共 1.5% ~ 4.5%；中性元素 Zr 和 Sn 共 0.5% ~ 3.0%；Si 元素 0.01% ~ 0.3%；余量为 Ti 和不可避免的杂质；其中，Mo 0 ~ 1%、V 0 ~ 3%、Nb 0 ~ 1%、Ni 0 ~ 0.5%、Zr 0 ~ 2%、Sn 0 ~ 3%
53	CN106636744A	WSTi64E 高损伤容限超大规格钛合金铸锭及其制法	（WSTi64E 名义成分为 Ti-6Al-4V）Al 5.8% ~ 6.5%，V 3.6% ~ 4.4%，Fe 0.10% ~ 0.25%，C 0.01% ~ 0.05%，O 0.05% ~ 0.12%，N<0.03%，H<0.0125%，余量为 Ti 和不可避免的杂质，杂质元素总量不超过 0.10%
54	CN106636743A	一种易于切削加工的钛合金	Cr 3% ~ 6.1%，Mn 1% ~ 4%，Al 5.1% ~ 8%，Si 0.4% ~ 1.3%，Mg 3.7% ~ 7%，Pb 1.3% ~ 2.7%，其余由 Ti 构成
55	CN106498231B	一种屈服强度高于 1000MPa 的海洋工程用钛合金	Al 4.4% ~ 5.7%，Mo 4.0% ~ 5.5%，V 0.5% ~ 1.5%，Cr 0.5% ~ 1.5%，Fe 0.5% ~ 1.5%，Nb 0.5% ~ 1.8%，Zr 1.0% ~ 2.5%，余量为 Ti 及不可避免的杂质

序号	公开（公告）号	专利名称	牌号/化学成分
56	CN106521237A	一种近 β 型高强高韧钛合金	Al 2.5%~3.5%，Mo 4%~6%，V 4%~6%，Cr 3%~5%，Nb 1.5%~3%，余量为 Ti 和不可避免的杂质
57	CN106191524A	一种 Ti-456 钛合金及制备和应用	Al 3%~10%，V 0.5%~8%，Cu 0.5%~10%，Si≤0.35%，Fe≤0.3%，C≤0.08%，N≤0.05%，H≤0.015%，O≤0.15%，Ti 为余量
58	CN105714150A	一种含 Fe 和 Mn 元素的低成本钛合金	Al 4.5%~6%，Fe 4%~6%，Mn 4%~6%，O 0~0.05%，C 0~0.01%，N 0~0.01%，H 0~0.001%，余量为 Ti
59	CN107109541A	钛合金	（α-β 钛合金）Al 2.0%~10.0%，Mo 0~20.0%，Co 0.3%~5.0%，Ti 及附带杂质
60	CN107075615B	具有可预测的性质的经济的合金化的钛合金	Al 0.1%~3.0%，Fe 0.3%~3.0%，Cr 0.1%~1.0%，Ni 0.05%~1.0%，Si 0.02%~0.3%，N 0.02%~0.2%，O 0.05%~0.5%，C 0.02%~0.1%，Ti 为余量
61	CN104745867A	一种耐高温钛合金板	Al 0.5%~1.2%，Si 3%~6%，Fe 0.2%~0.5%，Ni 1.2%~1.8%，C 0.1%~0.2%，其余为 Ti

序号	公开（公告）号	专利名称	牌号/化学成分
62	CN104745869A	一种耐蚀钛合金	镍粉：1%~3%，钼粉：0.5%~1.5%，铜粉：0.2%~0.5%，硅粉：1.5%~2%，铬粉：0.1%~0.3%，其余为 Ti 和微量不可避免的杂质
63	CN104152744A	一种低成本中高强度耐蚀钛合金及其加工方法	Al 3.5%~4.5%，V 2.0%~3.0%，Fe 1.2%~1.8%，O 0.20%~0.30%，铂族元素 Pd 0.04%~0.08%、Ru 0.12%~0.25%、Rh 0.08%~0.14%，余量为 Ti，其他杂质要求元素要求为：C≤0.08%，N≤0.03%，H≤0.015%
64	CN104148554A	一种钛合金及其环形锻件的成型方法	含 Al 量 7.50%~7.80%、含 Mo 量 1.00%~2.00%、含 Zr 量 2.60%~2.80%、含 Sn 量 2.60%~2.80%、含 W 量 0.50%~1.50%、含 Si 量 0.10%~0.25%、含 Fe 量不大于 0.15%、含 Cu 量不大于 0.10%、含 Cr 量不大于 0.10%、含 C 量不大于 0.10%、含 O 量不大于 0.15%、含 N 量不大于 0.04%、含 H 量不大于 0.012%、余量为 Ti
65	CN105296799A	一种 TC11 钛合金及其性能优化工艺	（TC11）Al 4.4%~5.7%，Mo 4.4%~5.7%，V 4.4%~5.7%，Cr 0.5%~1.5%，Fe 0.5%~1.5%，C<0.1%，Zr<0.3%，Si<0.15%，O<0.18%，N<0.05%，H<0.015%，其余为 Ti

续附表 1

序号	公开（公告）号	专利名称	牌号/化学成分
66	CN104018028B	一种高铝高硅铸造钛合金	Al 7. 2% ~ 9.5%，Si 0.8% ~ 1.8%，Zr 0.5% ~ 3.5%，V 0.5% ~ 3%，Mo 0.1% ~ 4.5%，Nb 0.1% ~ 4.5%，Ta 0.1% ~ 3.5%，余量为 Ti 和不可避免的杂质
67	CN103898359B	一种钛合金及其加工方法	Al 5.5% ~ 6.8%，V 3.5% ~ 4.5%，Zr 0.3% ~ 3.0%，Mo 0.3% ~ 2.0%，Nb 0 ~ 1.0%，余量为 Ti 和不可避免的杂质
68	CN103710572B	一种铸造 Ti-Si-Al 基高温高强度合金	Si 4.5% ~ 7.5%，Al 2.5% ~ 5.5%，Mo 0.1% ~ 1.5%，Nb 0.1% ~ 1.5%，V 0.1% ~ 2.5%，Zr 0.1% ~ 2.5%，Ti 为余量
69	CN103556000A	含稀土和金属间化合物增强相的 Ti-Si-Al 基合金	Si 3.5% ~ 12.5%，Al 2.5% ~ 9.5%，B 0.01% ~ 0.5%，Y、La、Ce、Sm、Gd、Dy、Ho 和 Er 元素中至少选一种 0.01% ~ 3.5%，Ti 为余量
70	CN104561655A	一种复合强化耐热耐蚀钛合金	Al 4% ~ 8%，V 3.5% ~ 4.5%，Mo 0.5% ~ 2%，Ta 0.8% ~ 1%，Zr 0.5% ~ 1.2%，其余为 Ti 和不可避免的杂质
71	CN103898357A	一种低成本高强度钛合金	Al 4% ~ 8%，V 3.5% ~ 4.5%，Mo 0.5% ~ 2%，Zr 0.5% ~ 1.2%，其余为 Ti 和不可避免的杂质

序号	公开（公告）号	专利名称	牌号/化学成分
72	CN103717766B	钛合金	铂族元素 0.01%~0.15%，稀土元素 0.001% 以上且不足 0.02%，剩余部分的 Ti 和杂质组成
73	CN102312126A	耐晶界腐蚀性好的钛合金	Ni 0.35%~0.55%、Pd 0.01%~0.02%、Ru 0.02%~0.04%、Cr 0.1%~0.2%，剩余部分由 Ti 及不可避免的杂质组成
74	CN102181747B	一种具有良好冷热成型性的 α+β 型钛合金	Al 2.8%~3.7%，V 2.5%~3.5%，Mo 1.5%~2.4%，Zr 1.5%~3.8%，Fe 1.3%~1.6%，余量为 Ti；其中，杂质元素总量≤0.3%，且间隙杂质元素 C≤0.04%，O≤0.12%，N≤0.03%，H≤0.015%
75	CN102939398A	钛合金	Al 3.0%~6.0%，Sn 0~1.5%，V 2.0%~4.0%，Mo 0.5%~4.5%，Cr 1.0%~2.5%，O 0~0.35%，P 0~0.007%，约 0.60% 的其他偶存元素和杂质，Fe 0.20%~0.55%，Ti 为余量
76	CN102154576A	一种高强度高塑性钛合金	Al 5.8%~6.3%，Fe 1.5%~2.0%，Zr 0.07%~0.30%，Si 0.05%~0.20%，不可避免的杂质不大于 0.1%，余量为金属 Ti

序号	公开（公告）号	专利名称	牌号/化学成分
77	CN101921930B	多元微合金化钛合金及其制备方法	Al 4.4%～5.7%，Mo 4.0%～5.5%，V 4.0%～5.5%，Cr 0.5%～1.5%，Fe 0.5%～1.5%，B₄C 0.05%～0.42%，C 0.03%～0.05%，余量为 Ti 元素
78	CN101850415B	一种单相 α″钛合金的制备方法	Ti 60%～70%，Zr 5%～15%，Nb 10%～18%，Sn 8%～12%
79	CN101348876B	一种低成本高强度钛合金	Al 4%～6%，V 1.9%～2.9%，Cr 1%～3%，Fe 1%～3%，余量为 Ti 和不可避免的杂质
80	CN101343705B	一种高硬度铸造用钛合金及制备方法	Al 5.5%～7.0%，Zr 1.5%～2.5%，Mo 0.5%～2.0%，V 0.8%～2.5%，Cr 1.5%～4%，杂质元素含量控制在 C≤0.10%，Si≤0.15%，Fe≤0.25%，N≤0.05%，H≤0.015%，O≤0.15%，余量为 Ti
81	CN101597703A	一种钛合金 Ti-62222s 及其制备方法	Ti-62222s（Al 5.3%～6.10%，Sn 1.80%～2.20%，Zr 1.80%～2.20%，Mo 1.80%～2.20%，Cr 1.80%～2.20%，Si 0.13%～0.19%，Ti 为余量）
82	CN101476058A	耐热耐腐钛合金	Ti 65%～86%，Al 3%～5%；Bi 0.2%～0.4%，余量为 Ni-Cu 合金
83	CN101181745B	一种钛合金铸锭的制备方法	Ti-Mo-V-Fe-Al，Ti-Mo-Zr-Sn，Ti-Al-Nb
84	CN101181744B	一种含合金组元的钛合金铸锭的制备方法	Ti-5Ta-1.8Nb

续附表 1

序号	公开（公告）号	专利名称	牌号/化学成分
85	CN100529130C	高硬度钛合金及其制造方法	Fe 1.3%~5%, Cr 5%~20%, Al 3%~4%或8%, B 0.06%~1%, N 0.06%~0.5%, Si 2%~5%, C 1%~5%, Zr 2%~4%, 余量为 Ti 及其他不可避免的杂质
86	CN1297675C	α-βTi-Al-V-Mo-Fe 合金	Al 4.5%~5.5%, V 3.0%~5.0%, Mo 0.3%~1.8%, Fe 0.2%~0.8%, O 0.12%~0.25%, 余量为 Ti 及偶存元素和杂质, 偶存元素每种含量小于 0.1%, 总量小于 0.5%
87	CN106507831B	一种 α 型低成本钛合金	Al 5%~7%, Mo 1%~3%, Fe 0.5%~2.5%, 余量为 Ti
88	CN106507830B	一种 β 型低成本钛合金	Al 3.5%~5.5%, Mo 6%~8%, Fe 1%~3%, 余量为 Ti
89	CN1068854A	高温耐蚀钛合金	Ti-Al-Mo-Ni-Zr 系, 其质量分数为: Al 0.5%~3.2%, Mo 0.5%~1.5%, Ni 0.3%~1.0%, Zr 0.8%~2.0%, 余量为 Ti
90	CN1030508C	船用钛合金	Al 2.5%~2.9%, Mo 1.5%~2.5%, Zr 0.5%~1.0%, V 0.5%~1.5%, 余量为 Ti
91	CN102605211A	一种低密度高强度高塑性钛合金	Al 7.5%~8.5%, V 1.0%~1.5%, Si 0.2%~0.25%, 余量为 Ti, 不可避免的杂质含量不大于 0.1%
92	CN103131896B	一种低成本近 β 钛合金	Al 0~3%, Cr 4.1%~5.5%, Fe 2%~3%, B 0~0.30%, 余量为 Ti

序号	公开（公告）号	专利名称	牌号/化学成分
93	CN103097559A	高强度和延展性 α/β 钛合金	3.9% ~ 4.5% 的铝, 2.2% ~ 3.0% 的钒, 1.2% ~ 1.8% 的铁, 0.24% ~ 0.30% 的氧, 多达 0.08% 的碳, 多达 0.05% 的氮, 多达 0.015% 的氢, 以及多达 0.30% 的其他元素
94	CN102061408A	一种低成本钛合金的制备方法	(Ti12LC) Ti-4Al-7Mo-2Fe 和 (Ti8LC) Ti-6Al-2Mo-1Fe
95	CN101962721A	一种粉末冶金钛合金及其制备方法	Al 2% ~ 7%, Mo 2% ~ 8%, V 2% ~ 6%, Ag 2% ~ 10%, LaB_6 0.1% ~ 3.0%, 其余为 Ti 和不可避免的杂质
96	CN101886191B	一种耐蚀耐磨钛合金及其制备方法	Zr 2% ~ 3%, Pr 0.2% ~ 0.5%, Fe 3% ~ 5%, Cu 3% ~ 5%, Gd 0.03% ~ 0.09%, 其余为 Ti
97	CN106507844B	一种 1500MPa 级高强钛合金	Al 5.5% ~ 7.5%, Sn 1.0% ~ 3.0%, Zr 1.5% ~ 2.5%, Mo 2.0% ~ 3.4%, V 2.0% ~ 4.0%, Cr 0.5% ~ 1.8%, Nb 0.5% ~ 2%, Fe 1.0% ~ 2.0%, 余量为 Ti 和不可避免的杂质
98	CN106507843B	一种 1600MPa 级高强钛合金	Al 5.5% ~ 7.5%, Sn 1% ~ 3%, Zr 2% ~ 4%, Mo 3.5% ~ 5.5%, V 2% ~ 4%, Cr 2.0% ~ 3.0%, 余量为 Ti 和不可避免的杂质
99	CN101497952A	一种高强度耐高温氧化的钛硅合金	Ti 78.87% ~ 88.3%, Si 7.33% ~ 8.2%, Al 和（或）Nb 2.8% ~ 12.3%

续附表1

序号	公开（公告）号	专利名称	牌号/化学成分
100	CN101597704A	一种钛合金 Ti-811-1 及其制备方法	（Ti-811-1） Al 7.2%~7.8%，Mo 0.64%~0.74%，V 0.85%~0.95%，Ti 为余量
101	CN100503856C	一种低成本钛合金	质量分数组成按以下公式描述：$X+Y+Z+Ti=100\%$；$X=Al\leqslant4\%$；$3.1\%\leqslant Y\leqslant7\%$，$Y=Fe+Cr$，其中 $2.5\%\leqslant Fe\leqslant5\%$，$0.6\%\leqslant Cr\leqslant2\%$；$0.2\%\leqslant Z\leqslant3\%$，$Z=Ni+S+B+Mo+C$，其中 $0.2\%\leqslant Ni\leqslant0.5\%$，$S\leqslant1\%$，$B\leqslant0.5\%$，$Mo\leqslant0.8\%$，$C\leqslant0.5\%$；以及不可避免的杂质元素
102	CN100460540C	一种高强度高韧性钛合金	质量分数组成：铝 5.5%~6.8%，钒 3.5%~4.5%，锆 0.3%~1%，杂质含量不大于1%，余量为钛
103	CN1639366A	高强度钛合金及其制备方法	15%~30% 的 Ⅴa 族元素和 1.5%~7%的氧
104	CN1155729C	一种新型耐蚀钛合金	钛合金的成分为 Ni 0.3%~3%，Cr 0.3%~3%，Mo 0.3%~3%，Cu 0.3%~3% 及平衡量的 Ti
105	CN111074097A	一种 Ti-N-O 合金材料及其制备方法	Ti 75%~85%，N 5%~15%，O 5%~15%

序号	公开（公告）号	专利名称	牌号/化学成分
106	CN110951994A	一种高强高动态撕裂能的钛合金及其制备方法和应用	Al 4%~6%，Nb 1.5%~2.5%，Zr 1.5%~2.5%，V 1.0%~1.5%，Mo 0.6%~0.9%，Cr 0.5%~0.8%，Fe 0.3%~0.4%，余量为 Ti 和不可避免的杂质
107	CN110295302A	新型 650℃ 高温高强可焊接钛合金	Al 6.5%~7.5%，Mo 1.5%~2.5%，V 1.5%~2.5%，Zr 1.5%~2.5%，Si 0~0.5%，余量为 Ti 和其他微量杂质元素
108	CN110106395A	一种海洋工程用高强高韧可焊接钛合金	Al 5.7%~6.7%，Zr 2.5%~4%，Mo 2.5%~4%，Cr 1.5%~3%，Nb 1.5%~3.5%，余量为 Ti 和不可避免的杂质
109	CN109082561A	一种高塑性钛合金及其制备方法	Al 3%，V 10%，Fe 2%，Sn 1%~3%和余量的 Ti 及不可避免的杂质
110	CN109022911B	一种高塑性钛合金及其制备方法	Al 3%，V 10%，Fe 2%，Hf 0.75%和余量的 Ti 及不可避免的杂质
111	CN109161726A	一种高强高韧耐蚀钛合金及其制备方法	α 稳定元素：3.0%~7.0%，β 稳定元素：2.0%~6.0%，Ta，0.01%~6.0%，Zr，0.5%~3.5%，余量为 Ti 和不可避免的杂质；α 稳定元素为 Al，所述 β 稳定元素为 Mo、Nb 和 V 中的至少一种

序号	公开（公告）号	专利名称	牌号/化学成分
112	CN108893654A	一种全 α 相细晶高强韧耐蚀钛合金及其制备方法	Al 1.8%~2.5%，Zr 5%~50% 和余量的 Ti；所述全 α 相细晶高强韧耐蚀钛合金不含 Pd
113	CN108913943A	一种近 α 相高强韧钛合金及其制备方法	Al 2.5%~3.5%，V 2.0%~3.0%，Pd 0.001%~0.08%，Zr 0~50% 和余量的 Ti
114	CN108977691A	一种全 α 型耐腐蚀钛合金及其制备方法	Ru 0.08%~0.14%、Zr 1%~50% 和余量的 Ti；所述全 α 型耐腐蚀钛合金不含 Pd
115	CN109112355B	一种近 α 相高强耐腐蚀钛合金及其制备方法	Al 2.0%~3.5%，V 1.5%~3.0%，Si ≤ 0.15%，Zr 10%~40% 和余量的 Ti
116	CN108913942B	一种高强耐腐蚀钛合金及其制备方法	Al 2.5%~3.5%，Sn 2.5%~3.5%，Zr 5%~40%，V 14.0%~16.0%，Cr 2.5%~3.5% 和余量的 Ti
117	CN108977693B	一种再结晶高强钛合金及其制备方法	Al 4.5%~6.0%，Sn 3.7%~4.7%，Mo 0.75%~2.0%，Si 0.2%~0.35%，Nd 0.6%~1.2%，Zr 5%~50% 和余量的 Ti
118	CN109112356B	一种高强耐腐蚀钛合金及其制备方法	Al 1.0%~2.5%，Mn 0.7%~2.0%，Zr 0~50% 和余量的 Ti
119	CN108913947B	一种高强耐腐蚀钛合金及其制备方法	Al 4.5%~6.0%，V 3.5%~4.5%，Zr 0~50% 和余量的 Ti

序号	公开（公告）号	专利名称	牌号/化学成分
120	CN108893652A	一种 Ti-Al-Nb-Zr-Mo 高强耐蚀钛合金及其制备方法	Ti-Al-Nb-Zr-Mo
121	CN108998696A	一种海洋工程装备用中强耐腐蚀钛合金	Al 5.0% ~ 7.0%，V 3.0% ~ 5.0%，Ni 0.2%~0.8%，Cr 0.2%~ 0.8%，Ru 0.02% ~ 0.07%，余量为 Ti 和不可避免的杂质
122	CN108486411A	一种 Ni 元素增强的高强耐蚀钛合金及其制备方法	Al 5.5% ~ 6.5%，Nb 2.5% ~ 3.5%，Zr 1.5%~2.5%，Mo 0.6%~ 1.5%，Ni 0.1%~0.5%，余量为 Ti 及不可避免的杂质
123	CN108396175A	一种低成本高强钛合金及其制备方法与应用	Ti、Mo、Cr、Al、Sn 及 Fe；其中，Ti 元素的质量占钛合金总质量的 75% 以上，优选为 78% 以上
124	CN108842095A	低成本高强 α+β 钛合金及其制备方法	Al 2.5% ~ 4.5%，Fe 2.5% ~ 4%，B 0.05% ~ 0.2%，余量为 Ti 和不可避免的杂质，杂质包括 $O \leqslant 0.2\%$，$C \leqslant 0.06\%$，$N \leqslant 0.01\%$，$H \leqslant 0.02\%$
125	CN108531775A	一种含极低量合金化元素的高温抗氧化钛合金	含有 W、Nb、Ta 和 Si 元素中的至少 2 种元素，其中，单个 W、Nb 和 Ta 元素的含量不超过 0.8%，Si 元素的含量不超过 0.6%，添加的合金元素总量不超过 1% 并且不低于 0.2%，剩余为 Ti

序号	公开（公告）号	专利名称	牌号/化学成分
126	CN108425036A	一种高强塑积钛合金及其制备方法与应用	Ti、Cr、Mo、Sn、Al 及 Zr；其中，Ti 元素的质量占钛合金总质量的 75%以上
127	CN108456806B	一种高硅高塑性 β 型钛合金及其制备方法	Si 1.5%~3.5%，Fe 0.5%~3%，Nb 1.5%~3.5%，Ta 0.5%~2%，W 0.5%~2%，Hf 0.2%~2%，余量为 Ti 元素和其他不可避免的杂质；高硅高塑性 β 型钛合金的室温延伸率大于 10%
128	CN108300899A	耐腐蚀钛合金及钛合金板材的制备方法	Pd：X，Ru：$2(Z-X) \sim 4(Z-X)$，余量为 Ti 和杂质元素，其中，X 的取值范围为 0.005%~0.1%，Z 的取值范围为 0.12%~0.25%
129	CN107904443A	一种中强超高塑性钛合金	V 10%，Fe 2%，Al 3%，Zr 2%~5%，余量为 Ti 和不可避免的杂质
130	CN109837422A	一种 Ti-3Al-5Mo-4.5V 合金	Ti-3Al-5Mo-4.5V
131	CN107904441B	钛合金及其制备方法	Al 6.3%~7.5%；Fe 8.1%~8.9%；Re 0.001%~0.005%；Rh 0.001%~0.003%；XD-4 奥氏体耐热钢 8.6%~10.3%；钛合金还包括质量分数 0.5%~1.3%的 XDS-5 高钼含氮奥氏体不锈钢、0.3%~0.8%的 XDS-10 超低碳高铬铁素体不锈钢；Ti 为余量

序号	公开（公告）号	专利名称	牌号/化学成分
132	CN107746992A	一种低成本高强度高钛合金及其制备方法	Cr 3% ~ 8%，Fe 0.5% ~ 2%，Al 4% ~ 7.75%，V 3% ~ 5%，O ≤ 0.2%，C ≤ 0.08%，N ≤ 0.05%，余量为 Ti 和不可避免的杂质
133	CN107746991A	一种钛合金及其制备方法	Al 4% ~ 7.5%，Fe 0.2% ~ 2%，Cr 0.1% ~ 2%，Mo 0.5% ~ 2.5%，以及微量的不可避免的杂质
134	CN107460370A	一种低成本高强度高塑性亚稳 β 钛合金及其制备方法	Fe 3% ~ 7%，Al 4% ~ 7.75%，V 3% ~ 5%，O ≤ 0.2%，C ≤ 0.08%，N ≤ 0.05%，余量为 Ti 和不可避免的杂质
135	CN110846536A	一种 550℃用铸造钛合金材料及其制备方法	Ti-6.6Al-4.0Mo-2.0Zr-0.20Fe-0.25Si-0.12O
136	CN110923506A	一种高延展性的钛合金材料及其制备方法	Ti 78% ~ 93%，Al 5% ~ 20%，SiC 0.1% ~ 5%，Mn 0.1% ~ 3%，Sn 0.1% ~ 3%
137	CN110629073A	一种抗腐蚀能力强的合金材料及其制备方法	Al 4% ~ 8%，Sn 3% ~ 5%，Zr 1% ~ 5%，Cr 1% ~ 2%，Fe 0.5% ~ 1.5%，余量为 Ti，以上各组分的含量总和为 100%
138	CN110257668A	一种高性能、低成本钛合金	Al 4.3% ~ 6.6%，V 2.0% ~ 3.0%，Mo 2.6% ~ 3.2%，Fe 1.6% ~ 2.1%，余量为 Ti 和不可避免的杂质

序号	公开（公告）号	专利名称	牌号/化学成分
139	CN110218908A	一种 Ti-Al-Zr-Sn-Mo-Nb 高强耐蚀钛合金及其制备方法	Al 5.5%，Zr 1.0% ~ 4.0%，Sn 0.5%~2.0%，Mo 0.3%~2.0%，Nb 0.4%~1.5%，余量为 Ti
140	CN110229976A	一种屈服强度高于 900MPa 的高韧性钛合金及制备方法	Al 5.5% ~ 7.0%，V 3.5% ~ 4.5%，Ni 0.10% ~ 0.8%，Nb 0.15%~0.8%，Fe<0.20%，C< 0.06%，N<0.05%，O<0.20%，H<0.015%，其余为 Ti 和不可避免的杂质
141	CN110218906A	一种低成本钛合金	Fe 2.5% ~ 2.8%，C ≤ 0.1%，N ≤ 0.05%，H ≤ 0.015%，O ≤ 0.2%，Ti 为余量
142	CN109763027A	一种低成本高硬度钛合金及其制备方法	Ti 65.0% ~ 80.0%，Fe 15% ~ 25%，Si 2.5% ~ 5%，Cr 2.5% ~ 5%
143	CN109468491A	一种耐高应变速率冲击高强度钛合金	Cr 4.1%~5.5%，Fe 2%~3%，B 0~0.30%，余量为 Ti
144	CN109487092A	一种 Ti6321 钛合金铸锭熔炼补缩方法	Ti6321
145	CN109266908B	一种低成本超高强 Ti-Fe-Al-Cr-Si 系钛合金及其制备方法	Fe 15% ~ 18%，Al 1% ~ 3%，Cr 2% ~ 4%，Si 1.5% ~ 4%，余量为 Ti 及不可避免的 C、N、O、H 杂质，杂质总量控制在 0.3% 以内
146	CN109371283A	一种高强高韧 Ti5Mo5V5Cr3Al 钛合金及其制备方法	Ti5Mo5V5Cr3Al

序号	公开（公告）号	专利名称	牌号/化学成分
147	CN109022914A	一种耐腐蚀高传热性能化工领域用钛合金及其工艺	Li 2.0%～3.0%，Y 1.0%～1.2%，Cu 5.0%～6.0%，In 3.0%～3.5%，Os 0.5%～0.8%，Si 1.0%～1.2%，Ta 0.4%～0.6%，Eu 0.1%～0.2%，余量为 Ti
148	CN108950302B	一种高强耐腐蚀钛合金及其制备方法	Al 2.0%～3.5%，Zr 0～50%，V 1.5%～3.0%和余量的 Ti
149	CN108893630B	一种高强耐腐蚀钛合金及其制备方法	Al 5.5%～6.5%，V 5.5%～6.5%，Sn 1.5%～2.5%，Cu 0.35%～1.0%，Fe 0.35%～1.0%，Zr 10%～40%和余量的 Ti
150	CN108977692B	一种高强钛合金及其制备方法	Mo 0.2%～0.4%，Ni 0.6%～0.9%，Zr 0～50%和余量的 Ti
151	CN108913946B	一种耐腐蚀钛合金及其制备方法	Al 2.0%～7.1%，Zr 2.5%～50%，Mo 0.5%～3.5%，V 0.5%～2.5%和余量的 Ti
152	CN108893651A	一种高强高韧耐蚀性钛合金及其制备方法	Al 4.5%～5.5%，Mo 4.5%～5.5%，V 4.5%～5.5%，Cr 0.5%～1.5%，Fe 0.5%～1.5%，Ru 0.05%～0.15%，余量为 Ti
153	CN109022908A	一种海洋用耐腐蚀钛合金	Al 5.0%～7.0%，V 3.0%～5.0%，Ni 0.2%～0.8%，Nb 0.2%～0.8%，Ru 0.02%～0.07%，余量为 Ti 和不可避免的杂质

续附表 1

序号	公开（公告）号	专利名称	牌号/化学成分
154	CN108486410A	一种超高强塑积低成本钛合金及其制备方法与应用	Ti、Mo、Cr、Al 及 Fe；其中 Ti 元素的质量占钛合金总质量的 75%以上
155	CN108531774A	一种高硬度钛合金及其制备方法	除含有 Ti 外，还含有 6.0%~8.0%的 Al，0.5%~2.5%的 Sn，1.0%~3.0%的 Zr，2.0%~4.0%的 Mo，0.5%~2.5%的 V，0.5%~3.0%的 Cr，1.0%~3.0%的 Nb，以及微量的不可避免的杂质
156	CN108004431B	一种可冷成型的高强高塑 β 钛合金材料	Al 4%~5%，Mo 3.8%~4.2%，Cr 2%~4.1%，Zr 3.9%~4.1%，Sn 1.9%~2.1%，Fe 1.5%~2.0%，Nb 2.7%~3.5%，余量为 Ti 和不可避免的杂质
157	CN108179314A	一种钛合金及其制造方法	Ni 0.11%~0.25%，Mo 0.15%~0.28%，Zr 0.08%~0.13%，V 0.03%~0.09%，Fe 6.7%~8.8%，Al 3.5%~4.1%，Ti 为余量
158	CN107747001A	一种钛合金及其制备方法	Al 8.0%~9.0%，Nb 1.0%~2.0%，Ta 1.6%~2.1%，Mn 3%~5%，余量为 Ti，以上组分质量分数之和为 100%

序号	公开（公告）号	专利名称	牌号/化学成分
159	CN107746997A	一种耐腐蚀的钛合金及其制备方法	Sn 4% ~ 8%，Ni 4% ~ 6.5%，Mo 0.5% ~ 4.5%，Cu 0.7% ~ 1.5%，Mg 5% ~ 9%，Al 9% ~ 10%，Cr 2% ~ 3.5%，C 0.3% ~ 1%，Fe 15% ~ 25%，余量为 Ti 和不可避免的杂质
160	CN107746993A	一种高强度高塑性 α+β 型钛合金及其制备方法	Zr 20% ~ 30%，Al 4.5% ~ 7.75%，V 3%~5%，O≤0.2%，C≤0.08%，N≤0.05%，余量为 Ti 和不可避免的杂质
161	CN107675022A	一种 β 钛合金的制备方法	V 5% ~ 8%、Al 3% ~ 6%、Cr 2%~4%、Nb 2% ~ 14%、Zr 1%~7%，余量为 Ti，以上组分质量分数之和为 100%
162	CN107675020A	一种含稀土 Y 的低密度钛合金及制备方法	Ti 88.0%~90.0%，Al 9.5%~10.5%，V 0.3% ~ 0.8%，Y 0.05%~0.30%，其余为不可避免的杂质
163	CN107541615B	一种海洋工程用高强韧钛合金	Al 3.5% ~ 6.5%，Sn 0.5% ~ 3.0%，Zr 3.0%~6.0%，Mo 0.5%~2.5%，V 0.5%~2.5%，Nb 0.5%~3.0%，余量为 Ti 和不可避免的杂质

序号	公开（公告）号	专利名称	牌号/化学成分
164	CN107574335A	一种中强度钛合金及其制备方法	Al 3.5%~4.5%，V 2.5%~3.5%，Mo 0.5%~1.5%，Fe 1.0%~2.0%，C≤0.10%，O≤0.15%，N≤0.05%，H≤0.0125%，余量为 Ti 和不可避免的杂质
165	CN107217173A	具有高强高塑和良好断裂韧性的钛合金及其制备工艺	Al 2.5%~6.0%，Mo 6.5%~8.5%，V 0~3.0%，Cr 1.5%~4.5%，Fe 0.7%~2.0%，Zr 0~2.5%，O 0.05%~0.2%，余量为 Ti 和不可避免的杂质
166	CN107043869B	一种高性价比钛合金及其制备方法	Al 4%~7%，Fe 0.2%~2.5%，Cr 0.1%~2%，Si 0.1%~0.5%，以及微量的不可避免的杂质
167	CN106906379B	基于原位晶须强韧化的双尺度结构钛合金及制备与应用	（Ti-Nb-Cu-Ni-Al-B）相对原子分数：Ti 58%~70%，Nb 9%~16%，Cu 4%~9%，Ni 4%~9%，Al 2%~8%，B 0.5%~3%，以及不可避免的微量杂质
168	CN106636739B	一种海洋工程用中等强度高冲击韧性钛合金	Al 1.5%~3.5%，Zr 0.5%~3%，Mo 0.5%~2%，Nb 0.5%~3%，余量为 Ti 和不可避免的杂质
169	CN106544543A	一种具有优良热加工性能的钛合金及其制备方法	Al 5.8%~6.8%，V 3.8%~4.8%，Fe 0.5%~1.5%，余量为 Ti 及不可避免的杂质

序号	公开（公告）号	专利名称	牌号/化学成分
170	CN106435266A	一种具有冷热抗疲劳性能的钛合金材料及其制备方法	Si 0.6%～0.7%, Cu 0.2%～0.3%, Fe 0.3%～0.5%, Mg 0.5%～0.6%, Zn 0.3%～0.5%, Mn 0.1%～0.2%, Al 0.3%～0.4%, C 0.01%～0.02%, Cr 0.05%～0.08%和Ti 90%～95%
171	CN106148761B	一种高强度高冲击韧性的耐蚀可焊钛合金及其制备方法	Al 4.0%～8.0%, Mo 0.3%～6.0%, V 0.3%～6.0%, Nb 0.3%～5.0%, Cr 0.3%～6.0%, Zr 0.3%～5.0%, 余量为 Ti
172	CN106011537B	一种细晶高强韧 β 钛合金及其制作方法	Al 3.0%～7.0%, Mo 4%～9%, V 7%～9%, Cr 2%～5%, Sn 0.5%～1%, Zr 1%～3%, 余量为 Ti 和不可避免的杂质元素
173	CN105821248A	一种含有共析型 β 稳定元素的高强钛合金	Al 4.5%～5.5%, Mo 3%～5%, Cr 2%～4%, Co 1.5%～3%, Fe 0.6%～1.5%, 余量为 Ti 和不可避免的杂质
174	CN105803258A	高强高韧钛合金	V 1.0%～2.0%, Mo 1.0%～2.0%, Fe 1.5%～2.5%, Al 5.0%～6.5%, Nb 2.0%～3.0%, Zr 0.9%～2.5%, 其余为 Ti, 要求杂质含量小于 0.4%

序号	公开（公告）号	专利名称	牌号/化学成分
175	CN105624467A	一种含 Fe 和 Mn 合金元素的 α 钛合金	Al 5.5% ~ 6.5%，Fe 2.0% ~ 3.0%，Mn 3.0% ~ 4.5%，O 0 ~ 0.05%，C 0 ~ 0.01%，H 0 ~ 0.001%，余量为 Ti
176	CN106947885B	一种中强高塑性船用钛合金及其制备工艺	Ti 90.25% ~ 93.0%，Al 3.0%，Mo 2.25% ~ 2.75%，Zr 2.25% ~ 3.0%，V 0.5% ~ 1.0%
177	CN105525141A	一种耐高速冲击高强高韧钛合金	Al 2.5% ~ 3.5%，Fe 0.85% ~ 2.35%，V 3.0% ~ 8.0%，Cr 1.0% ~ 5.0%，杂质含量小于 0.2%，余量为 Ti
178	CN106591625B	一种具有高强度高韧性匹配的钛合金及其制备工艺	Al 5.5% ~ 6.5%，Sn 1.5% ~ 2.5%，Zr 1.5% ~ 2.5%，Mo 2.5% ~ 3.5%，Cr 0.5% ~ 1.5%，V 0.5% ~ 1.5%，Fe 0.1% ~ 0.3%，O 0.1% ~ 0.2%，余量为 Ti 和不可避免的杂质元素
179	CN106319282B	一种低成本、高塑性、耐海水腐蚀钛合金	Al 3.0% ~ 4.5%，V 2.0% ~ 3.0%，Fe 0.5% ~ 1.5%，Cu 0.5% ~ 2.0%，余量为 Ti 及不可避免的杂质元素
180	CN104762524A	一种超高温钛合金及其制备方法	Al 6.50% ~ 7.50%，Sn 3.0% ~ 5.0%，Zr 3.0% ~ 6.0%，Mo 1.5% ~ 3.0%，Nb 1.5% ~ 2.5%，W 0.7% ~ 2.0%，Nd 0.8% ~ 2.0%，Si 0.2% ~ 0.5%，余量为 Ti 和杂质

序号	公开（公告）号	专利名称	牌号/化学成分
181	CN105316524B	一种 Ti-Al-Zr-Mo-V 系中强高塑钛合金及其制备方法	Al 3.0% ~ 5.0%，Zr 1.0% ~ 3.5%，Mo 3.05%~4.5%，V 1.0%~3.5%，余量为 Ti 和不可避免的杂质元素
182	CN103938022A	一种含 Cr 和 Mn 合金元素的新型 α 钛合金	Al 5.0% ~ 7.0%，Cr 2.0% ~ 4.0%，Mn 0.5%~1.5%，O 0~0.08%，C 0~0.01%，N 0~0.01%，H 0~0.001%，余量为 Ti
183	CN104955970B	含溴离子的环境下耐蚀性优异的钛合金	按质量分数计含有铂族元素 0.01% ~ 0.10%，稀土元素 0.001%~0.02%，O 0~0.1%，余量由 Ti 和杂质组成
184	CN103740981B	一种高强度钛合金板及其制备方法	Al 7% ~ 8%，Ni 3% ~ 4%，Cu 0.9% ~ 1%，V 0.3% ~ 0.4%，Bi 0.2%~0.3%，Si 0.4%~0.5%，Sn 0.2%~0.3%，Mo 0.09%~0.1%，Fe 0.03% ~ 0.04%，Co 0.03% ~ 0.04%，Cr 0.02% ~ 0.03%，Pr 0.01%~0.02%，Y 0.01%~0.02%，余量为 Ti 及不可避免的非金属夹杂
185	CN104451213B	一种高动态承载性能、低成本钛合金的制备方法	Al 2.5% ~ 5.5%，V 5.0% ~ 5.5%，Fe 2.0%~2.5%，O 0.1%~0.3%，其余为 Ti

续附表 1

序号	公开（公告）号	专利名称	牌号/化学成分
186	CN104114735A	钛合金	Nb 8%~18%，Zr 2%~15%，Zn 0.5%~8%，Ir 0~0.3%，余量为 Ti
187	CN103031451B	一种用于超低温条件下的钛合金	Ti 89.458%、Al 6.2%、V 4.1%、Fe 0.1%、O 0.06%、H 0.002%、Zr 0.08%，按前述质量分数比例取各种材料放入布料机内进行充分的混合，Ti 颗粒的粒度为 0.83~25.4mm，Al、V 和 Zr 的粒度为 0.2~2.5mm
188	CN102978438B	一种可冷轧及热处理强化的中高强钛合金	Al 2%~3.5%，V 1.5%~3%，Cr 0.6%~2.0%，Fe 0.4%~1.2%，O≤0.2%，余量为 Ti 和不可避免的杂质
189	CN101775524A	钛合金材料及其制备方法	Mo 4%~9%，Nb 3%~6%，Ta 1%~5%，Cr 2%~5%，Zr 2%~6%，Al 1%~4%，余量为 Ti 和不可避免的杂质
190	CN101503771B	一种高强度、高淬透钛合金	Al 5.0%~6.2%，Mo 3.5%~4.5%，V 5.5%~6.5%，Nb 1.5%~2.5%，Fe 0.5%~1.5%，C≤0.05%，O≤0.13%，N≤0.05%，H≤0.015%，Ti 为余量

序号	公开（公告）号	专利名称	牌号/化学成分
191	CN101476060B	一种高表面硬度耐高温铸造钛合金及其制造方法	Ti-6. 7Al-2. 3Mo-2. 0V-2. 1Cr-2. 0Zr
192	CN101497951A	一种近 α 型中强钛合金	Al 5. 0% ~ 7. 0%，Mo 1. 0% ~ 3. 0%，余量为 Ti 和不可避免的杂质

参 考 文 献

［1］ 王雷, 王琨, 李艳青, 等. TC4ELI 钛合金低周疲劳性能研究 ［J］. 钛工业进
展, 2018, 35 (2): 5.

［2］ 徐雪峰, 王琳, 程兴旺, 等. Ti6321 钛合金高温力学性能和显微组织的研究
［J］. 中国体视学与图像分析, 2019 (2): 8.

［3］ 李志平, 苏宝献, 陈才敏, 等. 高强耐蚀 Ti-Al-Nb-Zr-Mo 合金的成分优化及
组织和力学性能研究 ［J］. 特种铸造及有色合金, 2020, 40 (6): 5.

［4］ 卞超. 新型钛合金保载–疲劳裂纹扩展行为试验研究 ［D］. 镇江: 江苏科技
大学, 2019.

［5］ 范翰. TC1 钛合金板材组织均匀性的研究及改善 ［D］. 西安: 西安建筑科技
大学, 2019.

［6］ 王妍. 高强耐蚀 Ti-Al-Zr-Sn-Mo-Nb 合金的成分优化及组织性能研究 ［D］.
哈尔滨: 哈尔滨工业大学, 2019.

［7］ 马忠贤. 舰船用 TA23 钛合金板材工艺研究 ［D］. 西安: 西安建筑科技大
学, 2019.

［8］ 刘曙光. 新型 TiZrAlB 合金的强韧化及腐蚀行为研究 ［D］. 秦皇岛: 燕山大
学, 2019.

［9］ 刘千里, 李向明, 耿乃涛, 等. EB 炉熔炼大规格钛扁锭凝固过程的数值模
拟 ［J］. 特种铸造及有色合金, 2017, 37 (3): 6.

［10］ 刘千里, 李向明, 蒋业华, 等. 工艺条件对大规格 TC4 扁锭连铸过程固液
界面的影响 ［J］. 中国有色金属学报, 2016 (8): 8.

［11］ 房卫萍, 肖铁, 张宇鹏, 等. 超厚板 TC4 钛合金电子束焊接接头应力腐蚀
敏感性 ［J］. 焊接学报, 2019, 40 (12): 9.

［12］ 余陈, 张宇鹏, 徐望辉, 等. 厚板 TC4 钛合金磁控窄间隙 TIG 焊接工艺
［J］. 电焊机, 2018, 48 (1): 5.

［13］ 陈永城, 张宇鹏, 罗子艺, 等. TC4 钛合金中厚板激光焊接接头显微组织
与力学性能 ［J］. 应用激光, 2017, 37 (5): 6.

［14］ 白威, 李大东, 李军, 等. TA1 中厚板电子束焊接头组织及力学性能 ［J］.
电焊机, 2017, 47 (2): 6.

［15］ 李双, 徐望辉, 李峰等. 30mm 厚钛合金 TC4 磁控电弧窄间隙 TIG 焊接接
头组织及力学性能研究 ［J］. 焊接, 2018 (1): 5.

[16] 李吉帅. 厚板钛及钛合金电子束焊接头组织与性能的研究 ［D］. 济南：山东大学，2017.

[17] 赵帅. EB 炉熔铸 TC4 钛合金扁坯交叉热轧与热处理的组织和性能研究 ［D］. 昆明：昆明理工大学，2019.

[18] 马琰. 冷轧高强 β 钛合金组织演变及强化机理研究 ［D］. 内蒙古：内蒙古工业大学，2019.

[19] 蔡洪能，李望南，韩雪成. 钛合金厚板焊接接头残余应力测试 ［J］. 焊管，2018，41（11）：6.

[20] 余业山. 钛合金板材弱磁自动检测系统研究 ［D］. 南昌：南昌航空大学，2018.